Wolfgang Schneider

Einführung in BASIC

Reihe „Programmieren von Heimcomputern"

Diese Bände geben den Benutzern von Heimcomputern, Hobbycomputern bzw. Personal Computern über die Betriebsanleitung hinaus zusätzliche Anwendungshilfen. Der Leser findet wertvolle Informationen und Hinweise mit Beispielen zur optimalen Ausnutzung seines Gerätes, besonders auch im Hinblick auf die Entwicklung eigener Programme.

Wolfgang Schneider

Einführung in BASIC

mit zahlreichen Beispielen
und 10 vollständigen Programmen

Friedr. Vieweg & Sohn Braunschweig / Wiesbaden

CIP-Kurztitelaufnahme der Deutschen Bibliothek

Schneider, Wolfgang:
Einführung in BASIC: mit zahlr. Beispielen u. 10 vollst.
Programmen / Wolfgang Schneider. — Braunschweig,
Wiesbaden: Vieweg, 1979.
   (Programmieren von Heimcomputern; Bd. 1)
   ISBN 978-3-528-04160-1   ISBN 978-3-322-85514-5 (eBook)
   DOI 10.1007/978-3-322-85514-5

Satz: Friedr. Vieweg & Sohn, Braunschweig

Umschlagsgestaltung: Hanswerner Klein, Leverkusen

ISBN 978-3-528-04160-1

Vorwort

Die bevorzugte höhere Programmiersprache, die zum Dialog mit Heimcomputern verwendet wird, ist BASIC. Der BASIC-Befehlsvorrat, auf den in diesem Buch eingegangen wird, wurde so ausgewählt, daß er sowohl in dem Normvorschlag für ein „Minimal BASIC" als auch in allen modernen BASIC-Versionen der Heimcomputer-Hersteller vorhanden ist.

In den einzelnen Kapiteln dieses Buches wird der Leser in knapper, präziser Weise mit den elementaren BASIC-Regeln vertraut gemacht. Eine Vielzahl von Beispielen verdeutlichen die Regeln. Das Wichtigste wird einprägsam durch Merkregeln am Ende eines jeden Kapitels zusammengefaßt. Mit Hilfe von selbst zu lösenden Übungsaufgaben kann der Leser überprüfen, ob er die BASIC-Regeln beherrscht.

Am Schluß des Buches zeigen 10 vollkommen programmierte und kommentierte Beispiele, wie man das Wissen aus den einzelnen Kapiteln anwendet, um vollständige Programme zu schreiben. Dabei wird u.a. gezeigt, wie man eine Handelskalkulation aufstellt, eine Kurve einer mathematischen Funktion grafisch darstellt, eine Einkommen- bzw. Lohnsteuerberechnung vornimmt oder eine Computergrafik erstellt.

Die Zusammenfassungen am Ende der einzelnen Kapitel erleichtern nach dem Erlernen von BASIC das Nachschlagen während der späteren selbständigen Programmiertätigkeit.

Wolfgang Schneider

Cremlingen, Sommer 1979

Inhaltsverzeichnis

1. Grundlagen der Datenverarbeitung

1.1. Der Begriff der Datenverarbeitung

In fast allen Bereichen des täglichen Lebens erleichtern Computer dem Menschen die Arbeit. Der Begriff „Computer" kommt aus dem Englischen und heißt zu deutsch nichts anderes als „Rechner". Dies weist darauf hin, daß das Rechnen früher zu den Hauptaufgaben eines Computers gehörte. Heute haben sich die Computer jedoch einen wesentlich größeren Anwendungsbereich erschlossen. Verkehrsrechner steuern z. B. den Verkehr in unseren Städten, Prozeßrechner steuern Walzstraßen, Züge, Raketen usw. . Um die Vielseitigkeit der Computer zum Ausdruck zu bringen, soll hier vom recht eng gefaßten Begriff des Rechners abgegangen und dafür der Begriff Datenverarbeitungsanlage (DVA) verwendet werden. Datenverarbeitung heißt: (Eingabe-) Daten zur Lösung von Aufgaben nach einem bestimmten Bearbeitungschema (Arbeitsanweisung) bearbeiten (vgl. 1.2). Zu diesen Aufgaben zählen nicht nur Rechenaufgaben sondern z. B. auch Aufgaben der Prozeßsteuerung.

1.2. Die Arbeitsweise einer Datenverarbeitungsanlage (DVA)

Eine DVA soll die Arbeit des Menschen erleichtern. Dazu muß sie wesentliche Teile seiner Aufgaben übernehmen können.

An dem Beispiel einer Fernmelderechnungsstelle soll gezeigt werden, welche Aufgaben eine DVA übernehmen kann und welche dem Menschen noch verbleiben. Dabei wird dem Bearbeiter ein „Intelligenzgrad" zugeordnet, den man auch von einer DVA erwarten kann: er kann nur lesen, schreiben und mit Hilfe eines Tischrechners rechnen.

Ein Bote bringt dem Bearbeiter die Listen mit allen notwendigen Daten. Listen, auf denen die Kunden mit ihren Kundennummern (KNR), den zugehörigen alten Zählerständen (AZ), den neuen Zählerständen (NZ), den Grundgebühren (GG) und den Gebühren je Zählereinheit (GZE) eingetragen sind. Daraus soll der Bearbeiter eine Liste der Rechnungsbeträge erstellen.

Da er nur lesen, schreiben und einen Tischrechner bedienen kann, ist er dazu nicht ohne weiteres in der Lage. Er benötigt zur Bewältigung seiner Aufgabe noch eine Arbeitsanweisung etwa in der Form:

- *Gib* den neuen Zählerstand (NZ) in den Tischrechner ein
- *Subtrahiere* von dem vorher eingegebenen Wert den alten Zählerstand AZ
- *Multipliziere* das Ergebnis mit den Gebühren je Zählereinheit GZE
- *Addiere* zu dem Ergebnis die Grundgebühren GG
- *Lies* das Ergebnis ab
- *Schreibe* das Ergebnis in die Zeile der zugehörigen Kundennummer KNR
- *Gehe* zur nächsten Kundennummer *über*
- *Beginne* diese Arbeitsanweisung von vorn usw..

Die Arbeitsanweisung besteht aus einer Folge von Befehlen (Gib, Subtrahiere, Multipliziere ... usw.), die der Reihe nach abgearbeitet werden müssen. Eine solche, aus einer Folge von Befehlen bestehende Arbeitsanweisung nennt man ein *Programm*.

Die Arbeitsweise einer DVA ähnelt der Arbeitsweise des Bearbeiters (vgl. [1]).

- Eine DVA wird ebenso mit *Programmen* und *Daten* versorgt, wie der Bearbeiter im Fernmeldeamt. Diesen Vorgang nennt man bei der DVA einfach *Eingabe*. Sie erfolgt über *Eingabeeinheiten* wie Lochkartenleser, Lochstreifenleser, Klarschriftleser, Blattschreiber (eine Art Fernschreiber mit Schreibmaschinentasten) und dgl..

- Programme und Daten müssen in einer DVA beliebig lange zur Verfügung stehen. Dazu müssen sie in der DVA in einem *Speicher* abgespeichert werden. Während bei dem Bearbeiter im Fernmeldeamt zur Speicherung der Daten ein Blatt Papier und zur kurzfristigen Speicherung das Gedächtnis genügte, müssen in einer elektronischen DVA aufwendige Speichermedien, wie z.B. Ringkernspeicher, verwendet werden.

- Eine DVA muß das Programm ausführen können, indem es einen Befehl nach dem anderen abarbeitet. Dazu muß sie geeignete Einrichtungen besitzen, die die notwendigen, einfachen Handgriffe des Bearbeiters, z.B. die Tastenbedienung des Tischrechners, ersetzen können. Für diese Aufgabe ist in einer DVA ein *Steuerwerk* vorgesehen.

- Eine DVA benötigt, ähnlich wie der Bearbeiter im Fernmeldeamt, eine Einrichtung, die Berechnungen ausführt. Diese Einrichtung wird in einer DVA *Rechenwerk* genannt.

- Eine DVA muß die Ergebnisse der Verarbeitung beliebig lange abspeichern können, um sie später auf Wunsch auszugeben. Diesen Vorgang nennt man bei einer DVA einfach *Ausgabe*. Sie erfolgt über *Ausgabeeinheiten* wie Bildschirm, Drucker, Blattschreiber und dgl..

Daraus ergibt sich folgende Struktur einer Datenverarbeitungsanlage (Bild 1.1):

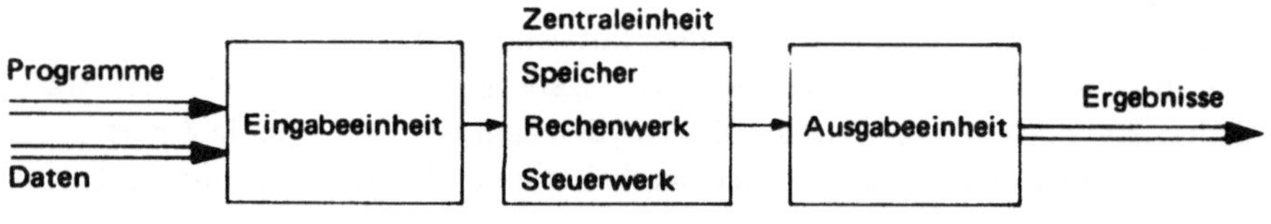

Bild 1.1

Speicher, Rechen- und Steuerwerk werden meist unter dem Begriff *Zentraleinheit* zusammengefaßt.

Datenverarbeitungsanlagen stellen zwar die technischen Funktionseinheiten zur Verfügung, aber erst die Verbindung von DVA und Programm ergibt ein funktionsfähiges Datenverarbeitungs*system*, in dem die technischen Funktionseinheiten der DVA in gewollter, sinnvoller Weise selbsttätig die gestellte Aufgabe lösen. Die geistige Leistung, die dem Menschen verbleibt, liegt in der für die DVA verständliche Beschreibung der Arbeitsanweisung, der sog. Programmierung der DVA. Diese Aufgabe kann an keine Maschine abgegeben werden.

2. Programmiersprachen

2.1. Allgemeines

Bei programmgesteuerten Datenverarbeitungssystemen wird bewußt eine Trennung zwischer Arbeitsanweisung (Programm oder sog. Software) und ausführender Anlage (DVA oder sog. Hardware) vorgenommen. Dadurch ist ein und dieselbe Anlage fähig, nicht nur eine einzige, sondern eine Vielzahl von Aufgaben auszuführen. Wenn eine DVA eine andere Aufgabe bearbeiten soll, braucht nur das Programm geändert bzw. ausgetauscht zu werden.

Zum Aufstellen der Programme lassen sich prinzipiell folgende Programmiersprachen verwenden:

- Maschinensprachen
- Assemblersprachen
- Problemorientierte Programmiersprachen

2.2. Maschinensprachen

In den Anfängen der Datenverarbeitung wurde die Arbeitsanweisung für eine DVA in der sog. Maschinensprache programmiert. Dabei handelt es sich in der Regel um eine Codierung der Befehle in Binärziffern, die von den meist digital arbeitenden Datenverarbeitungsanlagen ohne weitere Übersetzung verstanden werden und ohne menschliche Hilfe in Steuersignale umgesetzt werden können.

Maschinensprachen werden heute nur noch selten benutzt. Dies liegt vor allem daran, daß die Darstellung der Befehle durch Binärziffern

- relativ zeitaufwendig
- recht unübersichtlich und damit fehleranfällig und
- schwer merkbar

ist. Mit wachsenden Aufgaben in der Datenverarbeitung wurde deutlich, daß nach einer einfacheren, schnelleren und wirtschaftlicheren Programmierung gesucht werden mußte.

2.3. Assemblersprachen

Mit der Entwicklung von Assemblersprachen wurde ein erster Schritt zur Vereinfachung der Programmierung getan. Die Assemblersprache ist eine symbolische Programmiersprache, bei der der Befehlsschlüssel nicht mehr aus einer Folge von Binärzeichen besteht, sondern aus einem leicht erkennbaren symbolischen Code. So könnte der Befehl „Addiere", der in einem Maschinencode beispielsweise „11011010" geschrieben wird, durch den leicht erlernbaren symbolischen Ausdruck „ADD" ersetzt werden.

Die Datenverarbeitungsanlage „versteht" trotzdem nur den Maschinencode. Es muß also eine Einrichtung gefunden werden, die die Assemblersprache in den Maschinencode überführt. Diesen Vorgang nennt man auch, da es sich um „Sprachen" handelt, *Übersetzung*. Sie läuft nach festen Regeln ab und kann deshalb mit Hilfe eines geeigneten Programmes

von der DVA selbst vorgenommen werden. Das Übersetzungsprogramm, das die Assemblersprache in den Maschinencode übersetzt, heißt *Assembler*.

Die Assemblersprache ist eine maschinenorientierte Programmiersprache, weil *jeder* Befehl
der Maschinensprache durch einen symbolischen Ausdruck ersetzt wird. Dies bringt den
Nachteil mit sich, daß sie vom Typ der DVA abhängt, so daß zur Programmierung eines
bestimmten Problems für verschiedene DVA-Typen unterschiedliche Programme geschrieben werden müssen.

2.4. Problemorientierte Programmiersprachen

Den genannten Nachteil der Assemblersprachen vermeiden die problemorientierten
Programmiersprachen. Ihre Entwicklung orientiert sich unabhängig von der jeweiligen
Maschinensprache nur am Problem. Dadurch werden sie anlageunabhängig. Als Beispiel
mögen die mathematisch-naturwissenschaftlich orientierten Programmiersprachen dienen.
Sie beschreiben unabhängig von der Maschinensprache eine mathematische Aufgabe, wie
aus der Mathematik gewohnt, mit Hilfe einer mathematischen Formel.

Eine als Formel dargestellte Anweisung kann eine Datenverarbeitungsanlage nicht direkt
„verstehen". Sie „versteht" nur den Maschinencode. Daher ist eine Übersetzung von der
mathematischen Formelsprache in die Maschinensprache nötig. Da die Übersetzung nach
festen Regeln ablaufen muß, kann die Datenverarbeitungsanlage auch hier die Übersetzung
selbst durch Verwendung eines geeigneten Programms vornehmen. Dieses Programm wird
Compiler genannt.

Die problemorientierten Sprachen zeichnen sich aus durch

- bessere Überschaubarkeit der Programme durch Anweisungen in der Fachsprache
- geringeren Zeitbedarf für die Programmierung
- leichte Erlernbarkeit
- Unabhängigkeit von dem Typ der Datenverarbeitungsanlage

Weit verbreitete problemorientierte Programmiersprachen sind z.B.:

Name	Bedeutung	Anwendungsbereich
ALGOL	Algorithmic Language	mathematisch-naturwissenschaftlich
FORTRAN	Formula Translation	mathematisch-naturwissenschaftlich
COBOL	Common Bussiness Oriented Language	kommerziell
PL 1	Programming Language Nr. 1	kommerziell / mathematisch-natur-wissenschaftlich
BASIC	Beginners All-purpose Symbolic Instruction Code	Programmierung im Dialog mit der DVA

3. Heimcomputer

3.1. Allgemeines

Heimcomputer arbeiten funktionell genauso, wie ihre großen „Verwandten", die Computer, die in Rechenzentren stehen. Der Unterschied besteht nur darin, daß der Heimcomputer wesentlich kleiner und billiger ist, so daß sich fast jeder, der daran interessiert ist, einen **persönlichen** Rechner am Arbeitsplatz oder zu Hause leisten kann[1]. Aus diesem Grund werden diese Art Computer in den USA auch **Personal Computer** (persönliche Computer) genannt. In Deutschland scheint sich hingegen der Begriff **Heimcomputer** bzw. **Hobbycomputer** durchzusetzen.

Nachdem in Schulen, Universitäten, Arbeitsstellen und auch zu Hause **Taschenrechner** zu unentbehrlichen Hilfsmitteln wurden, beginnt eine neue Phase. Die Hersteller von (programmierbaren) Taschenrechnern haben in den letzten Jahren erkannt, daß eine weitere Perfektionierung wegen der rein numerischen, d. h. auf Ziffern aufgebauten, Tastatur der Taschenrechner kaum sinnvoll ist. Eine echte Leistungssteigerung wird aber erst möglich, wenn nicht nur Ziffern, sondern auch Buchstaben und Sonderzeichen, wie z. B. Satzzeichen und dgl. ein- und ausgegeben und verarbeitet werden können. Weiterhin fehlt den Taschenrechnern im allgemeinen die Möglichkeit, zusätzliche Geräte, wie z. B. externe Speicher für große Datenmengen, anzuschließen. Der Heimcomputer bietet hingegen diese Möglichkeiten. Alle Prognosen laufen daher darauf hinaus, daß sich die Heimcomputer privat und geschäftlich in naher Zukunft ähnlich durchsetzen werden, wie bislang die Taschenrechner.

3.2. Ausstattung von Heimcomputern

ASCII-Tastatur

Alle Heimcomputer besitzen, im Gegensatz z. B. zu programmierbaren Taschenrechnern, eine ASCII-Tastatur. ASCII ist eine Abkürzung und steht für American Standard Code of Information Interchange, was soviel bedeutet wie „Amerikanischer Normcode für Nachrichtenaustausch". Dieser Code verschlüsselt, vereinfacht gesagt, die alphanumerischen Zeichen, d. h. die Ziffern, Buchstaben und Sonderzeichen, die auf den gebräuchlichen Schreibmaschinen zu finden sind, in einen dem Computer verständlichen Code[2]. Die Anordnung der **Buchstabentasten** entspricht weitgehend der Anordnung der Tasten bei

---

[1] Die Preise für Heimcomputer liegen z. Z. im allgemeinen etwas unter 3 000,— DM.

[2] ASCII ist ein alphanumerischer 7-Bit-Code. Ein Bit ist die kleinste Darstellungseinheit für zweiwertige (binäre) Daten, d. h. es kann nur 2 Werte z. B. „binär 0" oder „binär 1" annehmen. Die Zahl der Bits gibt die Zahl der Binärstellen an, in die die alphanumerischen Zeichen verschlüsselt sind. Ein 8-tes Bit, das sog. Paritätsbit, wird vielfach an diesen 7-Bit-Code angehängt, um überprüfen zu können, ob die Datenverarbeitung fehlerfrei verläuft.

handelsüblichen Schreibmaschinen. Allerdings fehlen Zeichen wie ä, ö und ü, die somit durch 2 Zeichen wie ae, oe und ue dargestellt werden müssen. Außerdem ist meist die Lage von Z und Y ausgetauscht. Die **Ziffern** sind vielfach in einem besonderen numerischen Tastenfeld zusammen mit den Rechenoperatoren zusammengefaßt, wie dies von Taschenrechnern bekannt ist. Die Zahl und Lage der Tasten der **Sonderzeichen** ist sehr unterschiedlich, so daß hier keine allgemeinen Hinweise gegeben werden können. Außerdem enthält das Tastenfeld der Heimcomputer im allgemeinen noch **Spezialtasten**, die beim Programmieren und beim Programmablauf häufig benötigt werden.

Magnetbandkassettenrecorder

Bei den gebräuchlichen Heimcomputern wird im allgemeinen ein Magnetbandkassettenrecorder, der vielfach in das Gehäuse des Heimcomputers integriert ist, mitgeliefert. Er dient zur externen Speicherung von Programmen und Daten. Einmal entwickelte Programme können z. B. auf der Kassette gespeichert werden und brauchen, falls sie wieder benötigt werden, nicht noch einmal mühsam über die Tastatur eingegeben werden. Ebenso lassen sich auch an anderer Stelle entwickelte und auf einer Kassette abgespeicherte Programme auf dem eigenen Heimcomputer ohne eigene Anstrengung einsetzen. Dies ist für einen reinen Benutzer eines Heimcomputers ohne jegliche Programmierkenntnis besonders interessant.

Bildschirm

Die Programme, die geschrieben werden, sowie die Ergebnisse, die sich bei der Bearbeitung der Programme ergeben, werden bei den Heimcomputern im allgemeinen auf einem Bildschirm ausgegeben. Teilweise muß der Heimcomputer dazu über einen speziellen Anschluß an einen handelsüblichen Fernseher angeschlossen werden. Teilweise ist jedoch schon der Bildschirm im Heimcomputer eingebaut[1].

Drucker

Drucker zur Dokumentation der Programme bzw. der Ergebnisse, die sich bei der Bearbeitung eines Programmes ergeben, gehören in der Regel nicht zur Standardausstattung von Heimcomputern. Sie lassen sich aber als Zubehör käuflich erwerben[2]. Vielfach muß Spezialpapier verwendet werden, da es sich um Thermo- oder Metallpapierdrucker handelt. Wer diese Anschaffung zunächst scheut, kann sich behelfen, indem er z. B. das Programm vom Bildschirm mit einer Sofortbildkamera fotografiert.

Floppy Disk

Bei großen Datenmengen ist der Kassettenrecorder als externer Speicher vielfach zu langsam, weil immer erst die entsprechende Stelle auf dem Band gesucht werden muß. Im Extremfall muß solange gewartet werden, bis das Band vom Anfang bis zum Ende durchgelaufen ist. Dies kann einige Minuten dauern. Der Floppy Disk ist ein externer Speicher,

---

[1] Dies auch schon bei Geräten unter 3 000,— DM.

[2] Die Kosten liegen zwischen 1 000,— und 2 000,— DM.

bei dem die Daten in Bruchteilen von Sekunden aufgefunden werden können. Man kann sich den Floppy Disk als eine Art Plattenspieler vorstellen, der auf einer **flexiblen Magnetfolie** (floppy disk) mit Hilfe eines automatisch positionierenden Schreib-Lesekopfes Informationen ein- und ausliest. Die flexible Folie wird dabei so schnell gedreht, daß sie durch die Fliehkraft genügend steif wird. Dieses relativ schnelle und billige externe Speichermedium (Speicherplatz für ca. 1/4 Millionen Zeichen) muß, falls Bedarf besteht, im allgemeinen als Zubehör erstanden werden[1]).

3.3. Dialog zwischen Heimcomputer und Heimcomputerbenutzer

Da der Heimcomputer beim Benutzer steht, können beide in Form eines Dialoges zusammenarbeiten. Dies bietet folgende Vorteile:

- Der **Heimcomputer** kann sofort auf fehlerhafte Programmeingaben des **Benutzers** hinweisen.

- Der **Benutzer** kann die Fehler sofort korrigieren.

- Der **Heimcomputer** kann ein eingegebenes Programm sofort ausführen und die Ergebnisse sofort ausgeben.

- Der **Benutzer** kann sofort neue Daten für das Programm eingeben.

- Der **Heimcomputer** kann das Programm mit den neuen Daten sofort ausführen.

Folgende Schritte müssen in der Regel aufeinander folgen, wenn ein Programmierer ein Programm von einem Heimcomputer bearbeiten lassen will:

Schritt 1:   **Einschaltung**

Der Benutzer schaltet den Heimcomputer ein.

Schritt 2:   **Bereitmeldung**

Der Heimcomputer meldet sich mit einer Anzeige auf dem Bildschirm, daß er zur Bearbeitung von Programmen bereit ist (z. B. durch Ausgabe des Wortes „READY" oder „HALLO" und dgl. oder kurz durch ein Symbol wie z. B. ⊢).

Schritt 3:   **Eingabe des Programmes**

Das Programm wird Anweisung für Anweisung vom Benutzer eingegeben. Damit der Heimcomputer weiß, wann eine Anweisung zu Ende ist und wann eine neue Anweisung beginnt, muß im allgemeinen nach jeder Anweisung eine spezielle Taste (z. B. END OF LINE, END OF TEXT oder ähnlich) betätigt werden. Jedes Programm muß mit einer Programm-Ende-Anweisung abgeschlossen sein. Mit Hilfe dieser Anweisung wird dem Heimcomputer mitgeteilt, daß das Programm zu Ende ist.

Schritt 4:   Der Heimcomputer teilt dem Benutzer z. B. durch „READY" o. ä. mit, daß er das Programm akzeptiert hat und für neue Aufgaben bereit ist.

---

[1]) Die billigsten Geräte kosten ca. 2 000,– DM.
(Stand: Frühjahr 1979).

Schritt 5:   **Programmlauf (Rechenlauf)**

Nachdem das Programm im Speicher des Heimcomputers vorliegt, kann das Programm ausgeführt werden. Mit Hilfe eines RUN-Kommandos (meist eine spezielle Taste) gibt der Benutzer dem Heimcomputer zu erkennen, daß das eingegebene Programm ausgeführt werden soll.

Schritt 6:   **Eingabe der Daten**

Wenn der Heimcomputer eine Eingabe-Anweisung (INPUT-Anweisung) bearbeitet, gibt er auf dem Bildschirm ein Fragezeichen (?) aus. Der Heimcomputer erwartet nun, daß der Benutzer die erforderlichen Daten eingibt (vgl. Kap. 10).

Es sei hier kurz vermerkt, daß es auch eine Möglichkeit gibt, Daten zusammen mit dem Programm einzugeben (Schritt 3, vgl. auch Kap. 10). Es ist aber leicht einzusehen, daß eine Änderung der Daten aber auch immer eine Änderung im Programm bedeutet. Dies ist vielfach nachteilig.

Schritt 7:   **Ausgabe der Ergebnisse**

Nach dem Rechenlauf werden die Ergebnisse der Programmbearbeitung von Heimcomputern auf den Bildschirm ausgegeben.

Schritt 8:   **Warten auf neue Aufgaben**

Nach der Ausgabe der Ergebnisse teilt der Heimcomputer dem Benutzer z. B. durch „READY" o. ä. mit, daß er das Problem für gelöst hält und auf neue Aufgaben wartet.

Auch in diesem 8 Schritten wird der Dialog zwischen Heimcomputer und Benutzer deutlich.

Soll nun das gleiche Programm noch einmal mit anderen Daten bearbeitet werden, so wiederholen sich die Schritte 5 bis 8.

Soll ein neues Programm eingegeben werden, so wird z. B. der Speicher mit dem alten Programm gelöscht und es wiederholen sich die Schritte 2 bis 8.

3.4. Dialogsprache BASIC

Die bevorzugte problemorientierte Programmiersprache, die zum Dialog mit Heimcomputern verwendet wird, ist BASIC. Sie ist dialogfähig und zudem noch relativ schnell und leicht erlernbar. Darauf weist schon der Name der Programmiersprache hin.

BASIC = Beginners All-purpose Symbolic Instruction Code.

Dies bedeutet sinngemäß übersetzt:

Symbolischer Allzweck Befehlscode für Anfänger

BASIC ist eine einfache, leicht verständliche und leicht erlernbare Programmiersprache für alle Zwecke, die sich besonders für Programmieranfänger eignet.

Weil BASIC so einfach gehalten ist, ist auch der Umfang derartiger Compiler bzw. Interpreter relativ gering und daher besonders für kleine Computersysteme, wie z. B. Heimcomputer, besonders geeignet.

BASIC wurde im Jahre 1964 vom Dartmouth College in den USA entwickelt [2]. Mit der Zeit sind inzwischen abweichend zum ursprünglichen „Dartmouth BASIC" verschiedene BASIC-Versionen entstanden, die die ursprüngliche Programmiersprache jeweils um einige Möglichkeiten ergänzten. Diese BASIC-Versionen wurden somit „herstellerabhängig".

Seit 1974 bemüht sich ECMA (European Computer Manufacturers Association) zusammen mit ANSI (American National Standards Institute) um eine Standardisierung von BASIC. Im Dezember 1976 wurde eine Norm für ein sog. „Minimal BASIC" vorgeschlagen [3, 4]. Die Hersteller von Heimcomputern halten sich mehr oder weniger an diesen Vorschlag.

Der BASIC-Befehlsvorrat, auf den in diesem Buch näher eingegangen wird, wurde so ausgewählt, daß er sowohl in dem Normvorschlag als auch in allen modernen BASIC-Versionen der Heimcomputer-Hersteller vorhanden ist.

Vor einer Betrachtung von Einzelheiten der Programmiersprache BASIC sollen diejenigen Schritte diskutiert werden, die aufeinander folgen müssen, um ein ablauffähiges getestetes BASIC-Programm zu erhalten.

Folgende Schritte müssen bei der Programmierung aufeinanderfolgen:

Schritt 1: Problemaufbereitung
Schritt 2: Zeichnen des Programmablaufplanes
Schritt 3: Schreiben des Primärprogramms
Schritt 4: Programmtest
Schritt 5: Programmkorrektur
Schritt 6: Dokumentation

Auf diese einzelnen Schritte wird im folgenden näher eingegangen.

4. Problemaufbereitung und Zeichnen von Programmablaufplänen

Vor der Programmierung eines Problems in einer beliebigen Programmiersprache empfiehlt
es sich,

- das Problem aufzubereiten und
- Programmablaufpläne aufzustellen.

Erst anschließend sollte man, zumindest bei umfangreichen Problemen, zum Schreiben
des Primärprogramms übergehen.

4.1. Problemaufbereitung

Zur Problemaufbereitung gehört

- die Problemdefinition, d. h. eine vollständige Formulierung der Aufgabe und
- eine Problemanalyse der Aufgabe.

Die Aufgabe ist zunächst vollständig mit allen Randbedingungen in der Umgangssprache
zu formulieren. Bei der darauf folgenden Problemanalyse ist u. a. zu untersuchen,

- ob die Aufgabe überhaupt mit Hilfe einer DVA gelöst werden kann,
- welche alternativen Lösungswege sich für die Aufgabe anbieten und
- welcher der möglichen Lösungswege der günstigste ist.

4.2. Programmablaufpläne

Nachdem bei der Problemaufbereitung ein günstig erscheinender Lösungsweg gefunden
wurde, empfiehlt es sich vielfach, einen Programmablaufplan aufzustellen. Die Bezeichnung
Programmablaufplan ist nach DIN 66001 genormt und soll die teilweise gebräuchlichen
Begriffe „Flußdiagramm" oder „Blockdiagramm" ersetzen.

Ein Programmablaufplan stellt den Arbeitsablauf für eine Problemstellung mit Hilfe von
Sinnbildern in einzelnen kleinen Schritten grafisch dar. Die verschiedenen Sinnbilder sind
nach DIN 66001 genormt. Für einfache Aufgaben genügt die Kenntnis der in der folgenden Tabelle aufgeführten Sinnbilder.

Durch Einfügen eines Textes in die Sinnbilder wird die Art der Vorgänge genau spezifiziert.

Folgende Regeln sollte man bei der Aufstellung von Programmablaufplänen beachten:

- Genormte Symbole benutzen
  Plastikschablonen, bei denen aus einer Plastikscheibe die entsprechenden Sinnbilder
  ausgestanzt sind, erleichtern dabei das Zeichnen der genormten Symbole
- Programmablaufplan so aufbauen, daß er von oben nach unten gelesen werden kann
- Richtung der Vorgänge durch Pfeile andeuten
- Knappe, aussagekräftige Texte in die Sinnbilder eintragen
- Aufteilung komplexer Programmablaufpläne in mehrere kleine Programmablaufpläne

Tabelle: Nach DIN 66001 genormte Sinnbilder von Programmablaufplänen

Sinnbild	Bedeutung	Beispiele
 Text	Allgemeine Operation	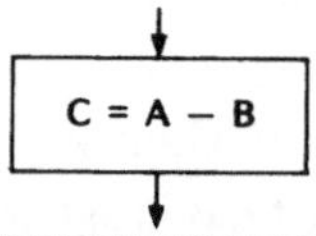 C = A − B 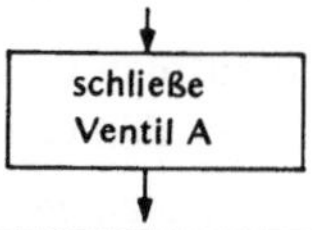 schließe Ventil A
	Bemerkung: Die allgemeine Operation dient zur Darstellung von Berechnungen und Operationen (siehe Beispiel), die nicht durch speziellere Sinnbilder beschrieben werden.	
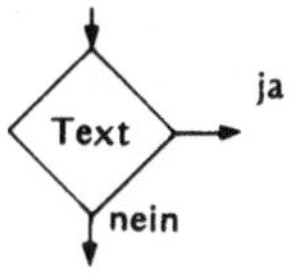 Text, ja, nein	Verzweigung	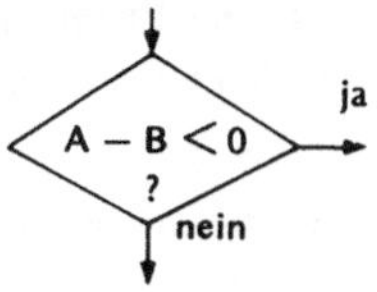 A − B < 0 ?, ja, nein 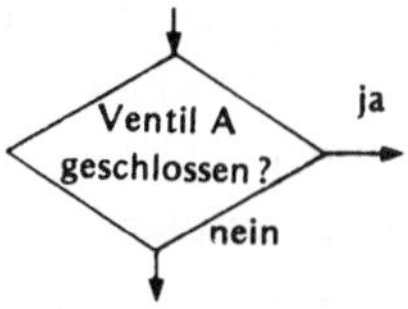 Ventil A geschlossen?, ja, nein
	Bemerkung: Der Text muß eine Frage (Bedingung) enthalten, die entweder mit ja oder nein zu beantworten ist. Je nach Beantwortung der Frage wird das Programm mit dem „Ja"- oder „Nein"-Zweig fortgesetzt.	
 Text	Eingabe Ausgabe	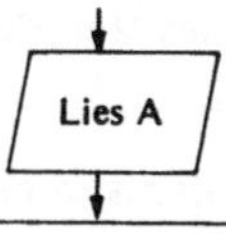 Lies A 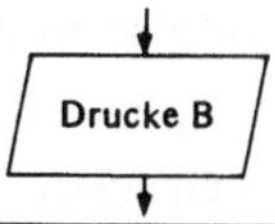 Drucke B
 Text, Text	Grenzstelle	 STOP 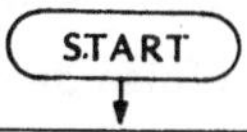 START
	Bemerkung: Die Grenzstelle ist das Sinnbild für den Beginn oder das Ende eines Programmes.	
 n, n	Übergangsstelle	 8  8
	Bemerkung: Falls ein Programmablaufplan an einer anderen Stelle, z. B. auf einem anderen Blatt, fortgesetzt werden muß, kennzeichnen die Übergangsstellen mit gleichen Zahlen, an welcher Stelle das Programm fortgesetzt werden muß.	
	Bemerkung	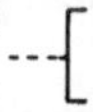 Schließe Ventil A zur Hälfte
	Bemerkung: Falls der erläuternde Text zu lang wird, um ihn in ein Sinnbild direkt einzuschieben, wird dieses Sinnbild, die sog. Bemerkung, neben das zu erläuternde Sinnbild gezeichnet, und der Text rechts daneben geschrieben, wie es das Beispiel zeigt.	
	Flußlinie	**Bemerkung:** Die Flußlinie dient dazu, die Sinnbilder miteinander zu verbinden. Sie zeigt gleichzeitig mit Hilfe des Pfeiles die Flußrichtung an.

4.3. Vorteile bei der Anwendung von Programmablaufplänen

Der Programmablaufplan erweist sich bei umfangreichen Aufgaben als sehr zweckmäßig.
Insbesondere sind folgende Vorteile zu nennen:

- Der Programmablaufplan verschafft dem Programmierer durch die logische Gliederung
einen Überblick über den Gang der Rechnung.

- Der Programmablaufplan verhindert das Programmieren von „Sackgassen".
Eine Sackgasse würde sich z.B. in einem Programm ergeben, wenn ein Zweig einer Verzweigung durch Vergeßlichkeit des Programmierers nicht weiter berücksichtigt würde.
Wenn bei einer späteren Benutzung des Programms dieser Zweig gewählt wird, so gibt
es keine darauffolgende Anweisung. Das Programm endet in einer Sackgasse. In einem
Programmablaufplan sind derartige Sackgassen gut zu erkennen und können somit
vermieden werden.

- Der Programmablaufplan bietet ein gutes Verständigungsmittel zwischen einem
Spezialisten und einem Programmierer.
Spezialisten verfügen teilweise über keine ausreichenden Programmierkenntnisse. Ein
Programmierer hingegen verfügt nicht immer über die notwendigen Spezialkennntnisse,
um programmierbare Regeln aus einer Aufgabenstellung abzuleiten. Hier bietet sich
der Programmablaufplan als gemeinsames Verständigungsmittel an.

- Der Programmablaufplan hilft bei der Fehlersuche von logischen Fehlern.
Durch die logische Gliederung des Problems in eine Folge von einzelnen Schritten ist
der Programmablaufplan wegen der besseren Übersicht meist besser als das Programm
selbst geeignet, logische Fehler im Programmablauf zu finden.

- Der Programmablaufplan dient zur Dokumentation des Programms. Programme sollen
auch später, eventuell von anderen Personen, wieder benutzt werden können. Sie
müssen sich auf einfache Art darüber informieren können, wie das Programm aufgebaut ist, welcher Lösungsweg gewählt wurde usw.. In vielen Fällen kann der Programmablaufplan eine spezielle Programmbeschreibung ersparen.

5. Schreiben von BASIC-Primärprogrammen

Nach der Problemaufbereitung und der Aufstellung des zugehörigen Programmablaufplanes
kann die eigentliche Programmierung in der gewünschten Programmiersprache erfolgen.
Der Programmierer wird dazu das Programm zunächst handschriftlich auf einem Blatt
Papier entwerfen. Daher wird dieser erste Programmentwurf auch Primärprogramm genannt.

Erst anschließend wird das Programm auf Lochkarten oder auf andere zur maschinellen
Eingabe geeigneten Datenträger übertragen.

5.1. Allgemeine Schreibregeln für BASIC-Programme

Ein Programm besteht aus einer Folge von Befehlen (vgl. 1.2).

- Jeder dieser Befehle steht in einer eigenen Zeile[1].
- Jeder einzelne Befehl beginnt mit einer sog. *Anweisungsnummer* (Zeilennummer).
- Auf die Anweisungsnummer folgt die *Anweisung* selbst.

Die Anweisungsnummer, die obligatorisch vor jeder Anweisung steht, muß eine positive ganze Zahl sein. Die höchste Stellenzahl ist vom Typ der DVA abhängig und ist dem Handbuch des Herstellers zu entnehmen. Allgemein üblich sind 4 bis 5 Stellen.

Die DVA bearbeitet die Anweisungen stets in aufsteigender numerischer Reihenfolge.

Die Anweisungsnummern legen somit die Reihenfolge der Anweisungen fest, in der sie von der DVA bearbeitet werden.

Aus diesem Grunde muß das Programm nicht unbedingt in seiner logischen Reihenfolge eingegeben werden. Dies ist besonders vorteilhaft, wenn z.B. ein fehlender Befehl in das Programm eingefügt werden muß. Der Programmierer kann durch Wahl einer entsprechenden Anweisungsnummer die Anweisung an dem logisch richtigen Ort im Programm plazieren, obwohl sie örtlich am Ende des Programmes geschrieben wird.

Es empfiehlt sich daher, bei der Ersteingabe des Programms eine größere Schrittweite bei den Anweisungsnummern zu wählen, um später noch Befehle einfügen zu können.

Wählt man bei der Ersteingabe des Programms für die Anweisungsnummern z.B. eine Schrittweite von 5 bis 10, so besteht die Möglichkeit, später bei Bedarf weitere Anweisungen einzufügen.

Da eine Anweisungsnummer eine bestimmte Anweisung kennzeichnet, darf die gleiche Anweisungsnummer natürlich in einem Programm nicht mehrfach vorkommen.

Auf jede Anweisungsnummer folgt ein *Schlüsselwort*.

Das Schlüsselwort gibt den Typ der auszuführenden Operation an.

Die Schlüsselworte werden in der Regel noch durch nähere Angaben zu den speziellen Operationen ergänzt.

Bei der Angabe der *allgemeinen Form der BASIC-Anweisungen* werden im folgenden alle unveränderlichen Bestandteile fett gedruckt. Dazu gehören u.a. die Schlüsselworte. Alle veränderlichen Bestandteile werden hingegen normal gedruckt. Hierunter fallen u.a. die näheren Angaben zu den speziellen Operationen.

Die Länge einer Anweisung ist durch die begrenzte Zeichenzahl je Zeile ebenfalls beschränkt. Die maximale Zahl der Zeichen, einschließlich aller Leerzeichen (vgl. 5.2), ist herstellerabhängig und muß dem Herstellerhandbuch entnommen werden. Vielfach üblich sind 72 bzw. 80 Zeichen (lochkartenorientiert), aber auch 132 Zeichen je Zeile.

Die begrenzte Zeichenzahl je Zeile bereitet jedoch selten Schwierigkeiten, da sich z.B. längere mathematische Formeln in der Regel durch mehrere kürzere Gleichungen beschreiben lassen.

---

[1] Einige Anlagen gestatten auch mehrere Befehle pro Zeile.

Das Ende jeder einzelnen Anweisung wird der DVA durch betätigen einer entsprechenden
Taste angezeigt (RETURN-Taste, ETX (End of Text)-Taste, End of Line-Taste o.ä).

Die DVA übernimmt daraufhin den Befehl und überprüft ihn auf formale Richtigkeit. Ist
alles in Ordnung, wartet die DVA auf neue Befehle. Treten Fehler auf, wird eine entsprechende Fehlermeldung ausgegeben (vgl. auch Kap. 12).

**Fehlerhafte Anweisungen kann man ersetzen, indem man die korrigierte Anweisung mit
der gleichen Anweisungsnummer wie die fehlerhafte Anweisung erneut eingibt.**

Vielfach gibt es jedoch auch Möglichkeiten, die fehlerhafte Stelle direkt zu korrigieren.

5.2. Das BASIC-Programmformular

Der Programmierer kann bei der Erstellung des Primärprogrammes Zeit und Mühe sparen,
wenn er anstelle eines einfachen Blatt Papiers kariertes Papier verwendet, das er mit einer
zusätzlichen senkrechten Hilfslinie 5 Kästen links vom Rand versieht (vgl. Bild 5.1).

Auf der linken Seite werden die Anweisungsnummern eingetragen, während auf der
rechten Seite die zugehörigen BASIC-Anweisungen Platz finden. Die Zahl der Kästchen
entspricht der max. möglichen Zeichenzahl je Zeile (vgl. 5.1), die hier in diesem Beispiel 80 beträgt.

Zur Verwendung als dokumentarische Unterlage empfiehlt es sich, am Kopf des Blattes
den Programmnamen, das Datum und die Seite nebst Gesamtseitenzahl anzugeben. Auf
diese Weise wird das karierte Papier zum BASIC-Programmformular.

Für die handschriftlichen Eintragungen in dieses Formular gelten folgende Schreib-Regeln:

- **Ein Kästchen darf höchstens ein BASIC-Zeichen enthalten.**

- **Es werden nur Großbuchstaben verwendet.**

  Bei Eintragungen in das Programmformular sollen nur Großbuchstaben verwendet
  werden, da der noch zu beschreibende BASIC-Zeichenvorrat (vgl. 6.1) zur Begrenzung
  der Zahl verschiedenartiger Zeichen nur Großbuchstaben beinhaltet.

- **Die Ziffer Null wird Ø geschrieben.**

  Um die handgeschriebene Ziffer 0 deutlich von dem handgeschriebenen Buchstaben O
  unterscheiden zu können, wird die Ziffer Null mit einem Schrägstrich versehen.

  Beispiel: 1Ø 3;

  Diese Besonderheit gewinnt Bedeutung, wenn man bedenkt, daß der Programmierer
  das Primärprogramm vielfach einer Datentypistin übergibt, deren Aufgabe es ist,
  anhand des handschriftlichen Primärprogramms die zugehörigen Lochkarten zu erstellen. Sie kann nicht wissen, ob eine Null oder der Buchstabe O richtig ist. Dies muß
  daher deutlich aus der handschriftlichen Aufzeichnung hervorgehen.

- **Zwischenräume helfen, Anweisungen übersichtlich zu gestalten.**

  Zwischenräume, auch Leerzeichen oder Blanks genannt, haben bei der Eingabe von
  BASIC-Programmen keine Bedeutung. Sie können beliebig zur Gewinnung einer
  besseren Übersicht in einer Anweisung eingestreut werden. Sie dienen somit nur der
  besseren Lesbarkeit der Anweisungen, die das Programm bilden.

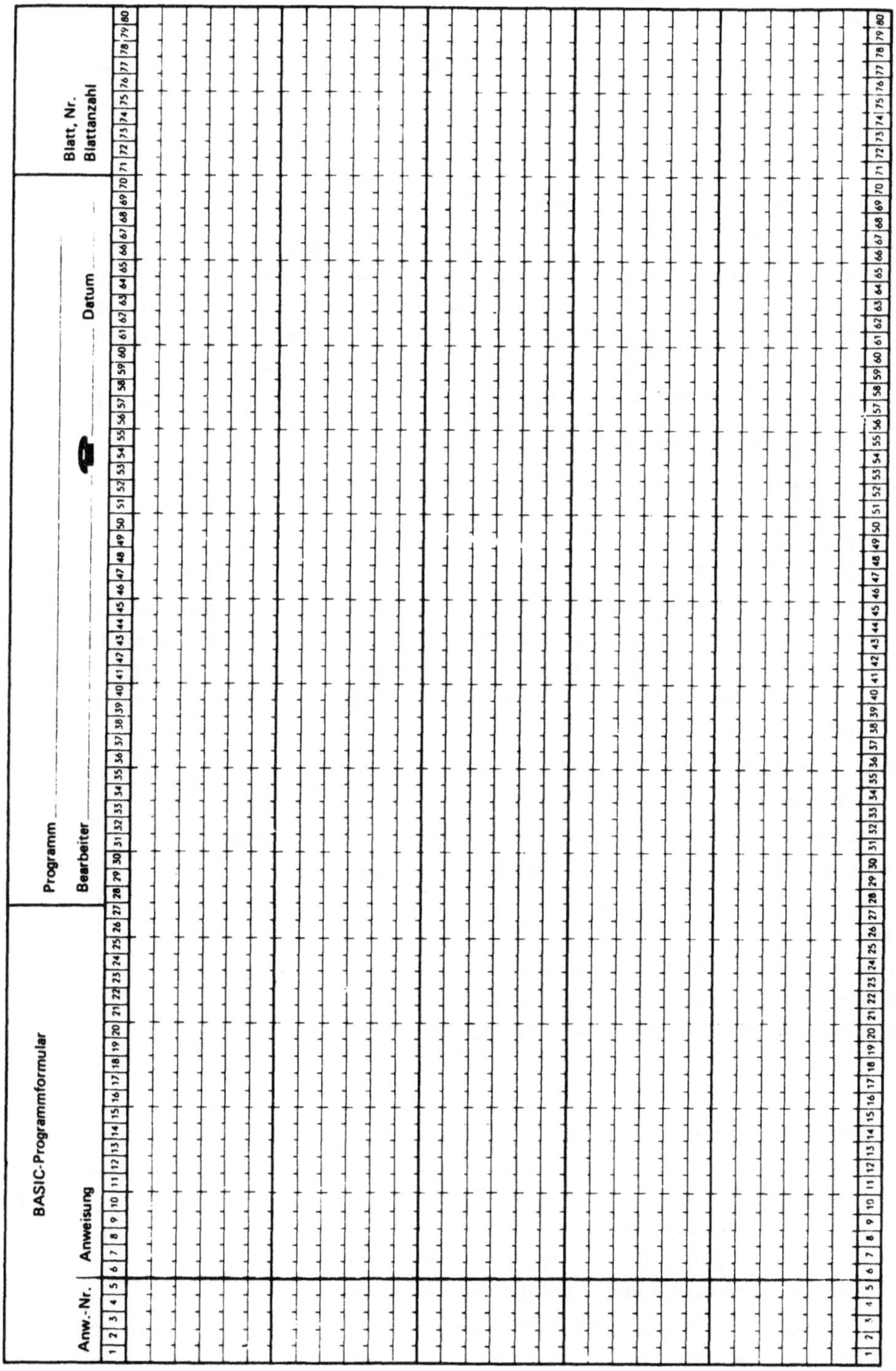
BASIC-Programmformular

Programm

Bearbeiter

Datum

Blatt, Nr.

Blattanzahl

Anw.-Nr.

Anweisung

1 2 3 4 5 6 7 8 9 10 11 12 13 14 15 16 17 18 19 20 21 22 23 24 25 26 27 28 29 30 31 32 33 34 35 36 37 38 39 40 41 42 43 44 45 46 47 48 49 50 51 52 53 54 55 56 57 58 59 60 61 62 63 64 65 66 67 68 69 70 71 72 73 74 75 76 77 78 79 80

Bild 5.1

5.3. Kommentare im Programm

Kommentare sind zusätzliche Bemerkungen oder Erklärungen, die dem Programmierer
helfen, das Programm übersichtlich zu gestalten. Durch eine Überschrift für das gesamte
Programm sowie durch Überschriften für einzelne Programmteile läßt sich jedes Programm
übersichtlich gliedern.

Kommentare können an beliebigen Stellen im Programm stehen.

Die DVA kommt ohne diese zusätzlichen Erklärungen aus. Daher braucht sie die
Kommentare nicht zu berücksichtigen. Durch das Schlüsselwort REM (remark, deutsch:
Bemerkung) wird der Compiler darauf hingewiesen, daß die folgenden Zeichen unberück-
sichtigt bleiben können, da sie nicht zum eigentlichen Programm gehören. Dies hat zur
Folge, daß der Kommentar vom Compiler überlesen wird und keine Übersetzung in den
Maschinencode erfolgt. Der Kommentar erscheint lediglich bei Programmauflistungen.

Die Kommentarvereinbarung hat folgende allgemeine Form:

```
n REM Text
```

n   Anweisungsnummer
REM   Schlüsselwort für die Kommentarvereinbarung
Text   Der kommentierende Text darf beliebige Zeichen aus dem Fernschreiber-Zeichen-
         vorrat enthalten. Die Zahl der Zeichen darf die maximale Zeichenzahl einer
         Programmzeile, z.B. 80 Zeichen, nicht überschreiten. Ist der Text länger, muß
         eine neue Kommentarvereinbarung in einer neuen Programmzeile begonnen
         werden.

**Bei der Kommentarvereinbarung handelt es sich um keine Anweisung, die dem Fortgang
des Programms dient.**

Daher wird sie bei der Übersetzung des Programms nicht berücksichtigt.

Der Kommentar erscheint lediglich bei Programmauflistungen.

Beispiele:

```
 1Ø  REM ALPHA WIRD BERECHNET
 5Ø  REM "QUADRATWURZELBERECHNUNG"
1ØØ  REM LOHNBERECHNUNGS-PROGRAMM
```

5.4. Zusammenfassung

Ein Programm besteht aus einer Folge von Befehlen.
- **Jeder Befehl steht in einer eigenen Zeile.**
- **Jeder Befehl beginnt mit einer sog.** *Anweisungsnummer.*
- **Auf die Anweisungsnummer folgt die** *Anweisung* **selbst.**

Die Anweisungsnummer legt die Reihenfolge der Anweisungen fest, in der sie von der
DVA bearbeitet werden.

Die Anweisung besteht aus einem Schlüsselwort, das den Typ der auszuführenden Operation angibt.

Daran schließt sich in der Regel noch eine nähere Angabe zu der speziellen Operation an.

Das Ende einer jeden Anweisung wird der DVA durch Betätigung einer entsprechenden Taste angezeigt (RETURN-Taste bzw. ETX (End of Text)-Taste).

Fehlerhafte Anweisungen kann man ersetzen, indem man die korrigierte Anweisung mit der gleichen Anweisungsnummer wie die fehlerhafte Anweisung erneut eingibt.

Für die handschriftliche Eintragung des BASIC-Primärprogramms in ein BASIC-Programmformular gelten folgende Schreibregeln:

- Ein Kästchen darf höchstens ein BASIC-Zeichen enthalten.
- Die Ziffer Null wird Ø geschrieben.
- Es werden nur Großbuchstaben verwendet.
- Zwischenräume dienen dazu, die Anweisungen übersichtlicher zu gestalten.

Kommentare können an beliebigen Stellen im Programm stehen. Die Kommentarvereinbarung hat folgende allgemeine Form:

```
n REM Text
```

Bei der Kommentarvereinbarung handelt es sich um keine Anweisung, die dem Fortgang des Programms dient.

Daher wird sie bei der Übersetzung des Programms nicht berücksichtigt.

Der Kommentar erscheint lediglich bei Programmauflistungen.

6. BASIC-Sprachelemente

6.1. BASIC-Zeichenvorrat

Jede Sprache, wie z. B. Griechisch, Russisch, Arabisch, Chinesisch usw. läßt sich mit Hilfe einer bestimmten Anzahl von Grundsymbolen darstellen. Zu den Grundsymbolen im Griechischen zählen die griechischen Buchstaben. Im Russischen sind es die kyrillischen Buchstaben. Die arabische und die chinesische Schriftsprache besteht aus wieder anderen Grundsymbolen. Die Menge der Grundsymbole, aus der eine Sprache besteht, wird Zeichenvorrat genannt.

BASIC ist eine Programmier*sprache*. Wie jede andere Sprache besitzt auch sie einen begrenzten Zeichenvorrat.

Der in diesem Buch verwendete Zeichenvorrat von BASIC umfaßt

- **26 Großbuchstaben (A bis Z)**
- **10 Ziffern   (0 bis 9)**
- **15 Sonderzeichen   + − * / = , . ( ) ' : ; <> "   [1])**

Sonderzeichen, wie z. B. griechische Buchstaben, Fragezeichen, Zeichen der Mengenlehre, die nicht im BASIC-Zeichenvorrat enthalten sind, müssen durch andere Symbole ersetzt werden.

Die griechischen Buchstaben α, β, γ ... usw. könnte man z. B. mit dem vorhandenen Zeichenvorrat ausdrücken, in dem man die lateinischen Anfangsbuchstaben wählt. Wie in einer normalen Sprache, in der aus dem Zeichenvorrat Worte und Sätze gebildet werden, können auch in der Programmiersprache BASIC entsprechende Sprachelemente gebildet werden. Da BASIC mathematisch-naturwissenschaftlich orientiert ist, gehören zu den Sprachelementen insbesondere

- Konstanten
- Variablen
- Funktionen
- Operationszeichen
- Ausdrücke
- Anweisungen

Sie gehen wie folgt auseinander hervor (Bild 6.1):

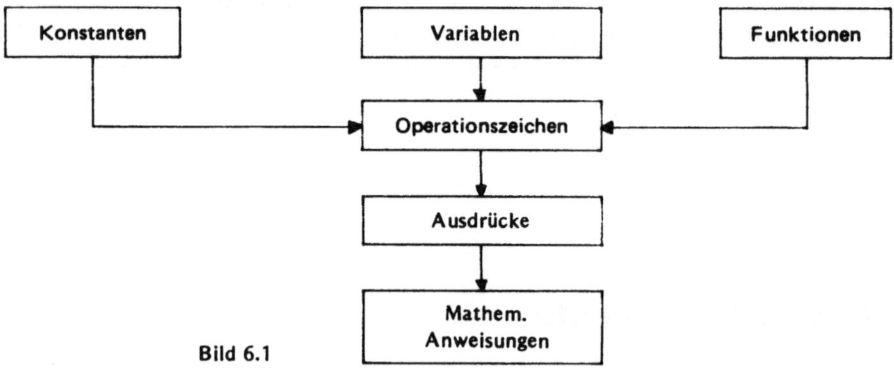

Bild 6.1

Die Schreibweise dieser Sprachelemente unterliegt Regeln, die in den folgenden Abschnitten behandelt werden.

Aus dem BASIC-Zeichenvorrat werden alle BASIC-Sprachelemente gebildet.

---

[1]) Bei einigen BASIC-Versionen ist der Vorrat an Sonderzeichen noch etwas größer als hier angegeben. Dies liegt einerseits daran, daß für einige Kombinationen von Sonderzeichen mit spezieller Bedeutung ein spezielles Sonderzeichen verwendet wird (Beispiel: ↑ anstelle von * * oder # anstelle von <>). Andererseits liegt es daran, daß BASIC in diesem Buch nur einführend behandelt wird und spezielle Themen ausgeklammert wurden. So benötigt man z. B. zur Kennzeichnung von sog. „Stringvariablen" das Sonderzeichen $.

6.2. Konstanten

Eine Konstante hat von Anfang an einen festen Wert, der durch eine bestimmte Zahl festgelegt wird. Sie ändert ihren Wert innerhalb eines Problems nicht.

Eine Konstante ist eine unveränderliche Größe.

● **Ganze Zahlen (INTEGER-Zahlen)**

Ganze Zahlen werden in BASIC-Programmen folgendermaßen geschrieben:

± Ziffernfolge

Das *Vorzeichen* − (Minus) vor der Ziffernfolge muß geschrieben werden, während das
Vorzeichen + (Plus) wie in der Mathematik fortfallen kann.

Beispiel

Ganze Zahlen	
Mathematische Schreibweise	BASIC-Schreibweise
+ 3	+ 3
379	379
− 5813	− 5813

Die einzelnen Ziffern werden entsprechend der mathematischen Schreibweise in die DVA
eingegeben.

● **Dezimalzahlen in Dezimalschreibweise**

**Dezimalzahlen in Dezimalschreibweise werden in BASIC-Programmen folgendermaßen
geschrieben:**

± Ziffernfolge . Ziffernfolge

Vorzeichen und Ziffern werden in der gleichen Reihenfolge eingegeben, wie es die
mathematische Schreibweise zeigt.
Anstelle des Dezimalkommas tritt jedoch der Dezimalpunkt.

Als Dezimalzeichen ist nur der Dezimalpunkt erlaubt.

Das positive Vorzeichen kann, wie schon bei den ganzen Zahlen, entfallen.

Beispiel:

Dezimalzahlen	
Mathematische Schreibweise	BASIC-Schreibweise
6,0	6.0
+ 12,1	+ 12.1
− 19,63	− 19.63

Man spricht vielfach auch von Festkommazahlen, wenn die Ziffern in einer festen Reihenfolge eingegeben werden und das Dezimalzeichen an einer fest vorgegebenen Position steht.

Durch den Speicher der DVA wird die maximale Größe der Zahl, d. h. die maximale Zahl der einzugebenden Ziffern, begrenzt. Sie kann hier nicht allgemeingültig angegeben werden und muß dem jeweiligen Herstellerhandbuch entnommen werden.

Beispiel:

In einem Herstellerhandbuch wird angegeben, daß maximal 15 Zeichen als Festkommazahl eingegeben werden können (13 Ziffern, 1 Vorzeichen, 1 Dezimalzeichen).

Die größte einzugebende Festkommazahl ist: 9999999999999 .

Die kleinste einzugebende Festkommazahl ist: . ØØØØØØØØØØØØ1

● **Dezimalzahlen in Potenzschreibweise**

Vielfach wird in der Naturwissenschaft und Technik eine kürzere Schreibweise als die Dezimalschreibweise für Dezimalzahlen verwendet: Die Potenzschreibweise mit der Basis 10.

Dezimalzahlen in Zehnerexponentialschreibweise werden in BASIC-Programmen folgendermaßen geschrieben:

   ± Ziffernfolge . Ziffernfolge E ± Exponent

Die Ziffernfolge mit Dezimalpunkt und eine sich eventuell noch daran anschließende Ziffernfolge stellt die *Mantisse* dar. Durch den Buchstaben E wird angezeigt, daß die darauf folgende Zahl die *Zehnerpotenz* darstellt. Das positive Vorzeichen *kann* dabei vor Mantisse und Zehnerpotenz entfallen, das negative Vorzeichen *muß* hingegen in beiden Fällen geschrieben werden.

Beispiele:

Dezimalzahlen	
Mathematische Schreibweise	**BASIC-Schreibweise**
$5{,}03 \cdot 10^{23}$	5.Ø3 E23
$7{,}86 \cdot 10^{-5}$	7.86 E −5
$268 \cdot 10^{12}$	268 E12
$0{,}033 \cdot 10^{18}$	Ø.Ø33 E18
$-1{,}234 \cdot 10^{3}$	−1.234 E3
$-55{,}55 \cdot 10^{-55}$	−55.55 E −55

Die maximale Größe und die Genauigkeit einer Dezimalzahl in Potenzschreibweise ist maschinenabhängig. Genaue Auskünfte geben die Herstellerhandbücher. Bei der Mantisse, die die *Genauigkeit* bestimmt, kann man in der Regel von 6 signifikanten Dezimalziffern ausgehen. Die größte Zehnerpotenz, die die *maximale Größe* der Zahl festlegt, schwankt relativ stark. Man kann jedoch meist von einer Zehnerpotenz $\geq \pm 38$ bei wissenschaftlicher Schreibweise ausgehen.

In der sog. *wissenschaftlichen Schreibweise* wird die Zehnerpotenzschreibweise zugrunde gelegt. Für die Mantisse gilt bei wissenschaftlicher Schreibweise die Regelung, daß der Dezimalpunkt in der Mantisse hinter der ersten Ziffer ungleich Null stehen muß. Der Exponent muß dementsprechend gewählt werden.

Beispiel:

Konstanten	
Mathematische Schreibweise	Wissenschaftliche Schreibweise
$56{,}4 \cdot 10^2$	5.64 E3
$1862 \cdot 10^{17}$	1.862 E2∅
$0{,}018 \cdot 10^{18}$	1.8 E16

Im Gegensatz zur Mathematik *muß* vor dem Exponenten einer BASIC-Konstanten mindestens eine Ziffer stehen.

Beispiel:

Mathematische Schreibweise	BASIC
10^3	1 E3

Der Exponent muß immer eine ganze Zahl sein. Dezimalzahlen und Brüche sind nicht erlaubt.

Ist der Exponent eine Dezimalzahl bzw. ein Bruch, so muß der Wert eines derartigen Ausdrucks durch eine entsprechende Rechenoperation (vgl. 6.4, 6.5) ermittelt werden.

Für die Schreibweise wirkt sich vereinfachend aus, daß führende und nachgestellte Nullen ohne Bedeutung sind.

Beispiel:

Folgende BASIC-Konstanten sind einander gleichwertig:

.5 ∅.5 ∅.5∅

6.3. Variablen

Man unterscheidet in BASIC u. a. folgende Variablentypen:

- Einfache Variablen
- Indizierte Variablen[1])

6.3.1. Einfache Variablen

Der Gebrauch von einfachen Variablen ist aus der Mathematik bekannt. Im Gegensatz zu Konstanten, die von Anfang an einen festen Wert besitzen, wird den Variablen erst im Verlauf der Rechnung ein Wert zugeordnet.

---

[1]) Ein weiterer Variablentyp, die sog. Stringvariablen, werden in diesem Buch nicht behandelt.

Mit ihrer Hilfe lassen sich Gesetzmäßigkeiten unabhängig vom jeweiligen Wert ausdrücken.
Den variablen Größen werden dazu Variablennamen gegeben.

Der Variablenname läßt sich bei Datenverarbeitungsanlagen als symbolische Adresse der
Speicherzelle auffassen, die zur Aufnahme des jeweiligen Zahlenwertes bereitsteht. Die
Namensgebung für Variablen unterliegt in BASIC folgenden Regeln:

Ein BASIC-Variablenname wird gebildet

- **aus 1 bis 2 BASIC Zeichen;**
- **das erste Zeichen muß ein Buchstabe sein;**
- **das zweite Zeichen muß, falls es benutzt wird, eine Ziffer sein.**

Beispiele für Variablennamen:

Richtig gebildete Variablennamen	Fehlerhaft gebildete Variablennamen	Fehler
X	X Y	zweite Zeichen keine Ziffer
V1	89	erste Zeichen kein Buchstabe
A7	Z89	drei Zeichen
P	V*	zweite Zeichen keine Ziffer
Z 0	5 K	erste Zeichen kein Buchstabe; zweite Zeichen keine Ziffer

Es können in einem BASIC-Programm insgesamt 286 Variablen definiert werden
(26 Variablen durch einfache Buchstaben und 260 Variablen durch Kombinationen von
26 Buchstaben und 10 Ziffern).

**Variablennamen sind Symbole, die der Unterscheidung der Variablen voneinander dienen.
Sie dürfen nur eindeutig verwendet werden.**

Die Verwendung sinnvoller Variablennamen kann ein Programm transparenter machen.
Um z. B. die Geschwindigkeit aus einer gegebenen Strecke und einer gegebenen Zeit zu
berechnen, könnte man schreiben:

$X = Y/Z,$

wobei / das Divisionszeichen in BASIC darstellt. Verständlicher wird die Gleichung jedoch, wenn man die üblichen physikalischen Symbole verwendet, wie z. B.:

$V = S/T$

6.3.2. Indizierte Variablen

Es ist vielfach sehr nützlich, wenn einer Variablen eine Folge von Werten zugeordnet
werden kann.

Beispiel:

**Aus Messungen liegen 100 Werte für Ströme und Spannungen vor. Die zugehörigen Leistungen sollen
errechnet werden.**

Folgende Tabelle wäre aufzustellen:

Strom	Spannung	Leistung
$i_1 = 1A$	$u_1 = 10V$	$p_1 = ?$
$i_2 = 2A$	$u_2 = 20V$	$p_2 = ?$
.	.	.
.	.	.
.	.	.
$i_{100} = 100A$	$u_{100} = 100V$	$p_{100} = ?$

Aus dem Beispiel wird der Zweck der Indizierung deutlich:

Die Indizierung bietet die Möglichkeit, Variablen zu beziffern.

Zur Berechnung der Leistung wären folgende Gleichungen aufzustellen:

$$p_1 = i_1 \cdot u_1$$
$$p_2 = i_2 \cdot u_2$$
$$\vdots$$
$$p_{100} = i_{100} \cdot u_{100}$$

Wollte man die Ergebnisse mit Hilfe eines BASIC-Programmes errechnen, so müßten diese 100 Gleichungen programmiert werden, obwohl sie sich nur in ihrem Index unterscheiden.

Eine einfachere Schreibweise ist möglich, wenn ein variabler Index benutzt wird. Dann würde sich der Schreibaufwand reduzieren auf

$$p_k = i_k \cdot u_k \qquad \text{für} \qquad k = 1, 2 \ldots 100$$

Der variable Index k läuft in der Gleichung von 1 bis 100 mit der Schrittweite 1.

Diese Schreiberleichterung ist auch in BASIC möglich. Allerdings ist die Kennzeichnung des Index durch Tieferstellen nicht möglich. Für BASIC gelten andere Schreibregeln.

Die Schreibregeln, die in BASIC bei einer Indizierung von Variablen zu beachten sind, lauten:

- **Der Variablenname darf bei indizierten Variablen nur aus einem einzelnen Buchstaben bestehen.**
  Daher kann man in einem BASIC-Programm höchstens 26 Variablen indizieren.[1]
- **Der dem Variablennamen folgende Index muß in Klammern gesetzt werden.**
- **Die indizierte Variable darf höchstens zwei Indizes besitzen. Beide Indices müssen durch ein Komma voneinander getrennt werden.**
- **Der Index kann eine Zahl, eine Variable oder ein arithmetischer Ausdruck sein.**

---

[1] Bei einigen DVA's können die Variablennamen für indizierte Variablen wie einfache Variablennamen gebildet werden (vgl. 6.3.1), so daß insgesamt 286 verschiedene Variablen indiziert werden können.

Beispiele für indizierte Variablen:

Mathematische Schreibweise	BASIC	Erläuterung
t_{10}	T (1∅)	Konstanter Index
b_i	B (I)	Variabler Index
$y_{k,i}$	Y (K, I)	Zwei variable Indizes
z_{n+1}	Z (N + 1)	Arithmetischer Ausdruck als Index
$x_{\frac{z}{y}+1}$	X (Z/Y + 1)	Arithmetischer Ausdruck als Index

6.3.3. Felder

Die Menge aller indizierten Variablen, die den gleichen Variablennamen haben, werden als Feld bezeichnet.

Man unterscheidet in BASIC ein- und zweidimensionale Felder, je nach Anzahl der Indizes.

Beispiel eines eindimensionalen Feldes (Liste):

Mathematische Schreibweise	BASIC	Beispiel für gespeicherte Strom-werte in Ampère
i_1	I (1)	1
i_2	I (2)	2
.	.	.
.	.	.
i_{100}	I (1∅∅)	1∅∅

Die indizierte Variable dient hier dazu, einen bestimmten Speicherplatz innerhalb einer Liste und den dazu gespeicherten Wert zu bezeichnen.

Besteht ein Feld nur aus einer Zeile oder einer Spalte, so handelt es sich um ein eindimensionales Feld. Ein eindimensionales Feld wird auch kurz Liste oder Vektor genannt.

Ein zweidimensionales Feld besteht demgegenüber aus waagerechten Zeilen und senkrechten Spalten. Der erste Index gibt die Zeilennummer, der zweite die Spaltennummer an. Das zweidimensionale Feld wird daher auch vielfach Tabelle oder Matrix genannt.

Beispiel eines zweidimensionalen Feldes aus zwei Zeilen und zwei Spalten:

Mathematische Schreibweise		BASIC
$a_{1,1}$	$a_{1,2}$	A (1,1)
		A (1,2)
		A (2,1)
$a_{2,1}$	$a_{2,2}$	A (2,2)

Für den Programmierer ist es vielfach wichtig zu wissen, in welcher Reihenfolge die Feldkomponenten den Speicherplätzen zugeordnet werden. Es gilt dabei folgende Regel:

Bei zweifach indizierten Variablen durchläuft der zweite Index seine Werte schneller als der erste, so daß die Tabelle *zeilenweise* abgearbeitet wird.

Beispiel:

Diese Speicherregel soll anhand einer zweidimensionalen Matrix mit drei Zeilen und vier Spalten näher erläutert werden. Die Pfeile geben die Reihenfolge der Speicherung an.

$$A\,(1,1) \to A\,(1,2) \to A\,(1,3) \to A\,(1,4) \to$$
$$\hookrightarrow A\,(2,1) \to A\,(2,2) \to A\,(2,3) \to A\,(2,4) \to$$
$$\hookrightarrow A\,(3,1) \to A\,(3,2) \to A\,(3,3) \to A\,(3,4)$$

Mit Hilfe einer zweifach indizierten Variablen kann jede Größe innerhalb der Tabelle angesprochen werden. A (2,3) bezeichnet z.B. das Element in Zeile 2 und Spalte 3 mit dem Namen A.

Ein bestimmtes Element eines Feldes kann durch die Feldvariable und die jeweiligen Indices angesprochen werden.

6.3.4. Die DIM-Vereinbarung (Feldvereinbarung)

Es müssen für jedes Feld so viele Speicherplätze bereitgestellt werden, wie Feldkomponenten vorhanden sind. Für Listen bis zu 11 Feldkomponenten hält BASIC von sich aus Speicherplätze frei. Ebenso für Tabellen mit höchstens 11 Zeilen und 11 Spalten.

Beispiel:

Für eine Liste mit 9 Feldkomponenten werden genügend Speicherplätze bereitgehalten.
Für eine Tabelle mit 8 Zeilen und 9 Spalten werden genügend Speicherplätze bereitgehalten.
Für eine Tabelle mit 11 Zeilen und 13 Spalten werden nicht genügend Speicherplätze bereitgehalten.

Kommen größere Felder vor, als für den Normalfall vorgesehen wurde, so muß man die DVA anweisen, entsprechend mehr Speicherplätze für die Felder freizuhalten. Dies geschieht mit Hilfe der Feldvereinbarung DIM.
Hier gibt es natürlich eine obere Grenze, die vom Typ der DVA abhängt. Sie ist dem zugehörigen Herstellerhandbuch zu entnehmen.

Für eindimensionale Felder ist die allgemeine Form der DIM-Vereinbarung:

$$n\ \text{DIM}\ V_1(m_1),\ V_2(m_2),\ \dots,\ V_x(m_x)$$

Die Anweisungsnummer der Feldvereinbarung wird durch n gekennzeichnet. In der auf DIM folgenden Feldliste werden alle im Programm vorkommenden Felder durch Nennung des Feldnamens $V_1, V_2, \dots, V_x$ (Name aller Variablen eines Feldes) und des Indexmaximalwertes $m_1, m_2, \dots, m_x$ (in Klammern) in beliebiger Reihenfolge aufgeführt. Die einzelnen Felder sind in der DIM-Vereinbarung durch Kommata zu trennen.

Die DIM-Vereinbarung für zweidimensionale Felder unterscheidet sich von der für eindimensionale Felder nur durch die Angabe von zwei Indexmaximalwerten [für Zeilen (Z)
und Spalten (S)]. Sie hat die allgemeine Form:

$$n \; DIM \; V_1(m_{1Z}, m_{1S}), \quad V_2(m_{2Z}, m_{2S}), \ldots, V_x(m_{xZ}, m_{xS})$$

Beispiele für die Feldvereinbarung mit DIM
Die Die Zählung der Indices möge bei 1 beginnen:

---

3 DIM Z(18)

Es handelt sich um ein eindimensionales Feld, das für die Feldvariable Z insgesamt 18 Speicherplätze freihält.

---

3 DIM X(14,4)

Es handelt sich um ein zweidimensionales Feld, das aus 14 Zeilen und 4 Spalten besteht, d. h. es
werden für die Feldvariable X $14 \cdot 4 = 56$ Speicherplätze reserviert.

---

3 DIM A(5Ø), B(1Ø, 15), C(3)

Für die indizierte Variable A werden 5Ø Speicherplätze reserviert.
Für die indizierte Variable B werden $1Ø \cdot 15 = 150$ Speicherplätze reserviert.
Für die indizierte Variable C werden 3 Speicherplätze reserviert.
Diese letzte Reservierung wäre nicht nötig, da weniger als 11 Speicherplätze benötigt werden. Daher
könnte C(3) in der DIM-Anweisung entfallen. Es schadet jedoch auch nicht, wenn man kleinere
Felder spezifiziert, da dadurch der Speicherplatzbedarf verringert werden kann.

**Die Feldvereinbarung muß im Programm erscheinen, bevor die erste indizierte Variable
auftritt.**

Sie wird i. a. an den Programmanfang gestellt. Dabei ist zu beachten, daß es nicht nur
Eingabe-, sondern auch Ausgabefelder gibt.

6.4. Arithmetische Operationszeichen

Operationszeichen geben die auszuführende mathematische Operation an. Durch sie wird
das Rechenwerk der DVA zu bestimmten Rechenschritten veranlaßt.

BASIC kennt folgende arithmetische Operatoren:

Operation	BASIC	Beispiel
Addition	+	A + B
Subtraktion	−	A − B
Multiplikation	*	A * B
Division	/	A / B
Potenzbildung[1])	**	A ** B

Andere arithmetische Operationen wie z. B. das Wurzelziehen und das Logarithmieren,
werden nicht durch derartige Sonderzeichen ausgedrückt, sondern mit Hilfe sogenannter
Standardfunktionen, auf die im folgenden Abschnitt eingegangen wird.

---

[1]) Bei vielen DVA-Systemen wird zur Potenzbildung anstelle von ** auch das Sonderzeichen ↑
benutzt. (vgl. 6.1 Fußnote)

6.5. Standardfunktionen

Um technisch-mathematische Probleme lösen zu können, werden gewisse Standardfunktionen, wie z. B. sin, cos, log usw. benötigt. Eine Reihe dieser Standardfunktionen liegen im Speicher einer DVA fest programmiert vor und können durch Nennung ihres Namens aufgerufen und im Programm wie Variablen benutzt werden.

In BASIC stehen standardmäßig folgende Funktionen zur Verfügung:

Übliche Schreibweise	Bedeutung	BASIC
$\sqrt{x}$	Quadratwurzel	SQR (X)
e^x	Exponentialfunktion	EXP (X)
$\ln x$	Natürl. Logarithmus	LOG (X)
$\sin \alpha$	Sinus	SIN (A)
$\cos \alpha$	Cosinus	COS (A)
$\tan \alpha$	Tangens	TAN (A)
$\arc \tan \alpha$	Arcustangens	ATN (A)
$\lvert x \rvert$	Absolutbetrag	ABS (X)
$[x]$	Ganzzahliger Anteil von x	INT (X)
$\operatorname{sgn} x$	Signum von x	SGN (X)
	Zufallszahl zwischen 0 und 1	RND (X)

Auf den Namen der Standardfunktion folgt, durch Klammern getrennt, das Argument der Standardfunktion.

Das Argument der Standardfunktion darf aus beliebigen arithmetischen Ausdrücken, Variablen, Konstanten oder Standardfunktionen bestehen.

Beispiele für einfache Standardfunktionen:

Mathematische Schreibweise	BASIC	Erläuterung
$\sqrt{5}$	SQR (5)	Das Argument ist eine Konstante mit dem Wert 5
e^λ	EXP (L)	Das Argument ist eine Variable (L für LAMBDA)
$\ln (a + b)$	LOG (A + B)	Das Argument ist ein arithmetischer Ausdruck
$\sqrt{\sqrt{x}}$	SQR (SQR(A))	Das Argument ist eine Standardfunktion
$e^{n\sqrt{y}}$	EXP(N*SQR(Y))	Das Argument ist ein arithmetischer Ausdruck mit Standardfunktion

Einige Standardfunktionen sollen im folgenden noch etwas näher besprochen werden.

- Die **Quadratwurzel** ist nur für nichtnegative Werte definiert, da sich sonst imaginäre Werte ergeben.

- Der **natürliche Logarithmus** ist ebenfalls nur für positive Werte definiert.

- **Bei den Winkelfunktionen, wie sin, cos usw., muß man beachten, daß das Argument im Bogenmaß eingesetzt wird und *keinesfalls* im Gradmaß.**

Für die Umrechnung vom Gradmaß in das Bogenmaß gilt die Formel:

$$\text{Bogenmaß} = \frac{\pi}{180°} \cdot \text{Gradzahl} \qquad \text{bzw.}$$

$$\text{Bogenmaß} = 0{,}017453 \cdot \text{Gradzahl}$$

Liegt nur das Gradmaß vor, muß es mit der konstanten Zahl 0,017453 multipliziert werden, um das Bogenmaß zu erhalten.

Beispiel:

Mathematische Schreibweise	BASIC	Erläuterung
$\sin \dfrac{\alpha° \cdot \pi}{180°}$	SIN (A∗∅.∅17453)	Eingabe von α (Variablenname A) im Gradmaß

- Den ganzzahligen Anteil von X erhält man mit Hilfe der **Standardfunktion INT(X)**. Sie bewirkt, daß die größte *ganze* Zahl (daher INTEGER), die kleiner oder gleich X ist, ermittelt wird.

Beispiele:

BASIC	Berücksichtigter Wert	Erläuterung
INT (5.33) INT (5.88)	5 5	Die größte ganze Zahl, die kleiner oder gleich 5,33 bzw. 5,88 ist, ist 5. Der Anteil des Wertes hinter dem Dezimalzeichen entfällt also, unabhängig von seiner Größe
INT (−5.33) INT (−5.88)	−6 −6	Die größte ganze Zahl, die kleiner oder gleich −5,33 bzw. −5,88 ist, ist −6.

Mit Hilfe der Funktion INT(X) kann man durch Addition von ∅.5 zu dem jeweiligen Argument auf- bzw. abrunden, wie es die folgenden Beispiele zeigen.

Beispiele:

BASIC	Berücksichtigter Wert	Erläuterung
INT (5.33 + ∅.5)	5	Abrundung
INT (5.88 + ∅.5)	6	Aufrundung
INT (−5.33 + ∅.5)	−5	Abrundung
INT (−5.88 + ∅.5)	−6	Aufrundung

● Die **Signumfunktion SGN(X)** gibt das Vorzeichen des Arguments in folgende Weise
an:

sgnx = + 1	für	$x > 0$
sgnx = 0	für	$x = 0$
sgnx = − 1	für	$x < 0$

● Mit Hilfe der **Standardfunktion RND(X)** können gleichverteilte Zufallszahlen zwischen
0 und 1 erzeugt werden. Dazu muß als Argument eine positive oder negative Zahl gewählt werden. Wählt man ein positives Argument, erhält man immer dieselbe Folge von
Zahlen, während ein negatives Argument eine zufällige Folge von Zahlen erzeugt.

● Die Standardfunktionen sind so ausgewählt, daß sich andere mathematische Funktionen
leicht durch sie ausdrücken lassen.

Beispiel:

Mathematische Schreibweise	BASIC
ctgx	COS(X)/SIN(X)

6.6. Zusammenfassung

Zeichenvorrat

Der Zeichenvorrat von BASIC umfaßt

● 26 Großbuchstaben (A bis Z)
● 10 Ziffern   (0 bis 9)
● 15 Sonderzeichen $+ - * / = (\,)\,,\,.\,;\,:\,'\,<\,>\,''$

Aus dem BASIC-Zeichenvorrat werden alle BASIC-Sprachelemente gebildet.

Konstante

Eine Konstante hat einen festen Wert, der durch eine Zahl festgelegt wird.
Ganze Zahlen (INTEGER-Zahlen) werden in BASIC-Programmen folgendermaßen
geschrieben:

> ± Ziffernfolge

Bei *Dezimalzahlen* (REAL-Zahlen) unterscheidet man Dezimalzahlen in Dezimalschreibweise und Zehnerexponentialschreibweise.

Dezimalzahlen in *Dezimalschreibweise* werden in BASIC-Programmen folgendermaßen
geschrieben:

> ± Ziffernfolge . Ziffernfolge

Als Dezimalzeichen ist nur der Dezimalpunkt erlaubt.

Dezimalzahlen in *Zehnerexponentialschreibweise* werden in BASIC-Programmen folgendermaßen geschrieben:

> ± Ziffernfolge . Ziffernfolge E ± Exponent

Im Gegensatz zur Mathematik muß vor dem Exponenten einer BASIC-Konstanten in Zehnerexponentialschreibweise mindestens eine Ziffer stehen.

Der Exponent muß immer eine ganze Zahl sein.

Dezimalzahlen und Brüche sind nicht erlaubt.

In der Schreibweise wirkt sich vereinfachend aus, daß führende und nachgestellte Nullen ohne Bedeutung sind.

Variable

Man unterscheidet in BASIC folgende Variablentypen:

- Einfache Variable
- Indizierte Variable

Einfache Variable

Eine Variable steht stellvertretend für einen momentanen Wert.

Den variablen Größen werden dazu symbolische Namen gegeben. Sie dienen der Unterscheidung der Variablen voneinander und dürfen daher nur eindeutig verwendet werden.

Ein BASIC-Variablenname wird gebildet:

- aus 1 bis 2 BASIC-Zeichen
- das erste Zeichen muß ein Buchstabe sein
- das zweite Zeichen muß, falls es benutzt wird, eine Ziffer sein.

Indizierte Variable

Die Indizierung bietet die Möglichkeit, Variablen zu beziffern. Bei der Indizierung in BASIC sind folgende Regeln zu beachten:

- Der Variablenname darf bei indizierten Variablen i. a. nur aus einem einzelnen Buchstaben bestehen.
- Der dem Variablennamen folgende Index muß in Klammern gesetzt werden.
- Die indizierte Variable darf höchstens zwei Indizes besitzen. Beide Indices müssen durch ein Komma voneinander getrennt werden.
- Der Index kann eine Zahl, eine Variable, eine indizierte Variable oder ein arithmetischer Ausdruck sein.

Feld und Feldvereinbarung

Die Menge aller indizierten Variablen, die den gleichen Variablennamen haben, werden als Feld bezeichnet.

Man unterscheidet in BASIC ein- und zweidimensionale Felder, je nach Anzahl der Indices.

Ein zweidimensionales Feld (Tabelle, Matrix) besteht aus waagerechten Zeilen und senkrechten Spalten. Der erste der beiden Indices gibt die Zeilennummer, der zweite die Spaltennummer an.

Besteht ein Feld nur aus einer Zeile oder Spalte, so handelt es sich um ein eindimensionales Feld (Liste, Vektor).

Jedes Element eines Feldes kann durch Angabe der Feldvariablen und durch Nennung der jeweiligen Indices angesprochen werden.

Mit Hilfe der DIM-Vereinbarung wird der DVA mitgeteilt, wieviel Speicherplatz für jedes Feld bereitgestellt werden muß.

Dies ist jedoch nur nötig für:

- Listen mit mehr als 11 Elementen
- Tabellen mit mehr als 11 ∗ 11 Elementen

Für eindimensionale Felder ist die allgemeine Form der DIM-Vereinbarung:

$$\boxed{\; n \text{ DIM } V_1(m_1),\; V_2(m_2),\; \ldots,\; V_x(m_x) \;}$$

Für zweidimensionale Felder ist die allgemeine Form der DIM-Vereinbarung

$$\boxed{\; n \text{ DIM } V_1(m_{1Z},\, m_{1S}),\; V_2(m_{2Z},\, m_{2S}),\; \ldots,\; V_x(m_{xZ},\, m_{xS}) \;}$$

Die Feldvereinbarung wird i. a. an den Programmanfang gestellt.

Arithmetische Operationszeichen

BASIC kennt folgende arithmetische Operationszeichen:

$$+ \; - \; * \; / \; * * \quad \text{bzw.} \quad \uparrow$$

Standardfunktionen

Viele Operationen, die nicht zu den genannten arithmetischen Operationen gehören, werden mit Hilfe von Standardfunktionen ausgedrückt.

Auf den Namen der Standardfunktion, bestehend aus drei Buchstaben, folgt, durch Klammern getrennt, das Argument der Standardfunktion.

Das Argument der Standardfunktion darf aus beliebigen Konstanten, Variablen, arithmetischen Ausdrücken oder Standardfunktionen bestehen.

Bei den Winkelfunktionen muß man beachten, daß das Argument im Bogenmaß eingesetzt wird und keinesfalls im Gradmaß.

6.7. Übungsaufgaben

Die Lösungen der Übungsaufgaben befinden sich in Kap. 14

Aufgabe 6.1

Der größte Zehnerexponent, den eine DVA in wissenschaftlicher Schreibweise verarbeiten kann, sei hier zu $10^{\pm 99}$ angenommen. Sind folgende Schreibweisen für Konstanten zulässig? Geben Sie eine Begründung an, wenn die Schreibweise nicht zulässig ist.

Nr.	BASIC-Konstante	Ja	Nein	Begründung
1	13.3 E 99	0	0	
2	1.33 E 99	0	0	
3	Ø.ØØ 133 E −99	0	0	
4	+ 195	0	0	
5	1Ø.7 E 6.3	0	0	
6	1,234	0	0	
7	−Ø.1234 E −17	0	0	
8	$\frac{6}{7}$	0	0	

Aufgabe 6.2

Sind folgende Variablennamen zulässig?

Nr.	Variablenname	Ja	Nein	Begründung
1	C 1	0	0	
2	K 2R	0	0	
3	Q	0	0	
4	K /	0	0	
5	4 R	0	0	
6	A	0	0	
7	M 12	0	0	
8	A A	0	0	
9	π	0	0	
10	88	0	0	

Aufgabe 6.3

Geben Sie für folgende indizierte Variablen die BASIC-Schreibweise an und erläutern
Sie sie!

Nr.	Mathematische Schreibweise	BASIC	Erläuterung
1	a_4		
2	$x_{2,3}$		
3	y_{k1}		
4	$r_{i+3,5}$		
5	x_{y_2}		
6	$c_4 \cdot M,\ G_M,\ N$		

Aufgabe 6.4

Es sei folgende quadratische Matrix (5 Zeilen, 5 Spalten) gegeben:

13	9	2	108	9
3	⑪	4	7	27
31	29	17	㉗	25
1	5	8	19	99
③	4	16	7	21

Dieses Feld soll den Feldnamen A besitzen. Geben Sie die indizierten BASIC-Variablen der eingekreisten Feldelemente an.

Aufgabe 6.5

Nr.	Aufgabe
1	Geben Sie die DIM-Vereinbarung für ein eindimensionales Feld mit der Feldvariablen F für maximal 15 Elemente an.
2	Geben Sie die DIM-Vereinbarung für ein zweidimensionales Feld mit der Feldvariablen Q mit maximal 15 Zeilen und Spalten sowie ein weiteres eindimensionales Feld mit der Feldvariablen V mit maximal 10 Elementen an.
3	Ist die DIM-Vereinbarung für die Feldvariable V in Aufgabe 2 unbedingt erforderlich?

Die Anweisungsnummer sei für alle drei Aufgaben frei wählbar.

Aufgabe 6.6

Drücken Sie die folgenden Funktionen durch BASIC-Standardfunktionen aus:

Nr.	Funktion in mathematischer Schreibweise	BASIC
1	$\sqrt{118,5}$	
2	$\ln 10$	
3	$\sin 3{,}289$ (rad)	
4	$\cos 45°$	
5	$|A - 15|$	
6	$\sqrt{\sin x}$	
7	$[|x + 1| + 0{,}5]$	

7. Programmsätze

Bisher wurden nur einzelne *Sprachelemente* wie Zahlen, Variablen usw. besprochen. Sie
lassen sich mit *Worten* der Umgangssprache vergleichen. Allein genommen ergeben sie
noch keinen Sinn. Erst im Satz erhält das einzelne Wort seinen Sinn. Dies ist auch bei
einer Programmiersprache so. Aus den einzelnen Sprachelementen müssen Programm-
sätze gebildet werden, die eine DVA versteht. Das Programm besteht dann seinerseits
aus einer Folge von Sätzen (vgl. Bild 6.1 in Kap. 6.1).

Ziel der folgenden Abschnitte ist es, die zum Programmieren notwendigen Satzformen
kennenzulernen. Dabei sind prinzipiell zwei Programmsätze zu unterscheiden:

- Anweisungen und
- Vereinbarungen

Anweisungen bewirken, daß die DVA Operationen ausführt, die dem Fortgang der Rechnung dienen.

Vereinbarungen bewirken, daß die DVA Zusatzinformationen erhält, die sie zur richtigen
Ausführung der Anweisungen benötigt.[1]

Die Kommentarvereinbarung REM (5.3) und die Feldvereinbarung DIM (6.3.4) sind
Beispiele für Vereinbarungen. Die DIM-Vereinbarung teilt der DVA z.B. mit, wie viele
Speicherplätze bereitzustellen sind. Diese Information dient jedoch nicht dem Fortgang
der Rechnung, sondern ist lediglich eine Vorsorge, daß alle Daten abgespeichert werden
können.

8. Die arithmetische Zuordnungsanweisung

8.1. Der arithmetische Ausdruck

Der arithmetische Ausdruck ist, wie noch ausführlich gezeigt wird, Teil der arithmetischen
Zuordnungsanweisung. Er besteht aus Konstanten, Variablen und Standardfunktionen,
die mit Hilfe von arithmetischen Operatoren verknüpft werden (vgl. Bild 6.1 in Kap. 6.1).

Beispiele für arithmetische Ausdrücke:

Mathematische Schreibweise	BASIC
$x - y$	X -Y
$2a$	2 * A
f^2	F ** 2 [2]

Arithmetische Ausdrücke stellen Vorschriften zur Berechnung von Zahlenwerten dar.

Bei dem Aufbau komplizierter arithmetischer Ausdrücke ist es wichtig, einige Regeln zu
beachten. Sie sollen in den folgenden Abschnitten angegeben und erläutert werden.

---

[1] Anweisungen und Vereinbarungen werden vielfach unter dem Begriff „statement" zusammengefaßt.

[2] Vielfach wird als Potenzierungszeichen anstelle von ** auch ↑ benutzt.

8.2. Die Rangordnung arithmetischer Operatoren

In der Mathematik werden die einzelnen arithmetischen Rechenoperationen nach einer festen Rangordnung abgearbeitet. Die Rangordnung findet Ausdruck in der bekannten Regel:

Punktrechnung vor Strichrechnung.

Da BASIC eine mathematisch-naturwissenschaftlich orientierte Programmiersprache ist, gilt auch für sie die in der Mathematik gebräuchliche Rangfolge.

Für die Rangordnung arithmetischer Operatoren gilt:

Punktrechnung vor Strichrechnung

Rang 1: **   (Potenzierung)[1])[2])
Rang 2: * und /   (Multiplikation und Division)
Rang 3: + und −   (Addition und Subtraktion)

Stehen mehrere arithmetische Operatoren verschiedenen Ranges in einer Anweisung, so werden die Verknüpfungen entsprechend ihrer Rangfolge abgearbeitet.

Beispiele für die Behandlung arithmetischer Operatoren verschiedenen Ranges in arithmetischen Ausdrücken:

Arithmetischer Ausdruck	Erläuterung
B + C * D ** 4 1. 2. 3.	**Die Rechenvorschrift wird schrittweise abgearbeitet:** **1. Schritt:** Die ranghöchste Rechenoperation wird ausgeführt. In diesem Beispiel wird also zunächst D ** 4 (D^4) errechnet. **2. Schritt:** Von den verbliebenen Rechenoperationen wird die davon ranghöchste Rechenoperation ausgeführt. In diesem Beispiel wird das Ergebnis von D ** 4 mit C multipliziert. **3. Schritt:** Letztlich wird die Rechenoperation mit dem niedrigsten Rang ausgeführt. Das Ergebnis aus dem 2. Rechenschritt wird zu B addiert.
B * C ** 3 + D 1. 2. 3.	**Die Rechenvorschrift wird schrittweise abgearbeitet:** **1. Schritt:** Die erste Rechenoperation, die ausgeführt wird, ist C ** 3. **2. Schritt:** Die zweite Rechenoperation, die ausgeführt wird, ist die Multiplikation von B mit dem Ergebnis von C ** 3. **3. Schritt:** Die dritte Rechenoperation, die ausgeführt wird, ist die Addition von D zu dem Ergebnis von B * C ** 3.

---

[1]) Vielfach wird als Potenzierungszeichen anstelle von ** auch ↑ benutzt.

[2]) Kommen Standardfunktionen in arithmetischen Ausdrücken vor, wird ihnen der höchste Rang zugeordnet.

In arithmetischen Ausdrücken stehen jedoch nicht nur Operatoren mit unterschiedlichen Rängen.

Stehen mehrere gleichrangige arithmetische Operatoren in einem arithmetischen Ausdruck, so werden sie in der Reihenfolge von links nach rechts behandelt.

Beispiele für die Behandlung arithmetischer Operatoren gleichen Ranges in arithmetischen Ausdrücken:

Arithmetischer Ausdruck	Erläuterung
B * C + D * E 1. 2. 3.	**Die Rechenvorschrift wird in folgenden Schritten abgearbeitet:** **1. Schritt:** **Die ranghöchste Rechenoperation, hier die Multiplikation, soll der Rangfolge entsprechend zuerst ausgeführt werden. Da jedoch zwei Rechenoperationen von gleichem Rang vorhanden sind, wird die am weitesten links stehende Rechenoperation, d. h. das Produkt von B und C, zuerst ausgeführt.** **2. Schritt:** **Die verbliebene Rechenoperation vom gleichen Rang, das Produkt von D und E, wird als nächstes ausgeführt.** **3. Schritt:** **Die beiden gewonnenen Produkte werden addiert.**
B + C − D * E / F 1. 2. 3. 4.	**Die Rechenvorschrift wird in folgenden Schritten abgearbeitet.** **1. Schritt:** **Die erste Rechenoperation, die ausgeführt wird, ist die Multiplikation von D und E.** **2. Schritt:** **Die nächste Rechenoperation ist die Division des im ersten Schritt gewonnenen Ergebnisses durch F.** **3. Schritt:** **Die nächste Rechenoperation ist die Addition von B und C.** **4. Schritt:** **Die nächste Rechenoperation ist die Subtraktion des im zweiten Schritt gewonnenen Ergebnisses von dem im dritten Schritt gewonnenen Ergebnis.**

Bei der Übertragung der mathematischen Schreibweise arithmetischer Ausdrücke in die zugehörige BASIC-Schreibweise ist insbesondere darauf zu achten, daß der Multiplikationsoperator, der in der mathematischen Schreibweise vielfach fortgelassen wird, geschrieben werden muß.

Der Multiplikationsoperator darf in arithmetischen BASIC-Ausdrücken nicht fortgelassen werden.

Beispiel:

Mathematische Schreibweise	BASIC-Schreibweise
$a = \dfrac{bc}{de}$	A = B * C/D/E

8.3. Klammerausdrücke

Klammerausdrücke werden in der Mathematik benötigt, wenn eine andere Reihenfolge ausgeführt werden soll als durch die Rangfolge der Operatoren vorgegeben ist. Bei BASIC gelten die aus der Mathematik bekannten Klammerregeln.

Klammerausdrücke haben vor den arithmetischen Operatoren Vorrang.

Innere Klammerausdrücke haben Vorrang vor den äußeren Klammerausdrücken.

Gleichrangige Klammerausdrücke werden von links nach rechts behandelt.

Beispiele für Klammerausdrücke:

Arithmetischer Ausdruck	Erläuterung

(V * S + R) * H
 	
   1.
 	
     2.
 	
       3.
	Die Rechenvorschrift wird in folgenden Schritten abgearbeitet:
	
	1. Schritt:
	Die Berechnung der Klammer hat Vorrang. Innerhalb der Klammer gilt die Rangordnung der Operatoren.
	Die erste Rechenoperation ist daher die Multiplikation von V und S.
	
	2. Schritt:
	Die zweite Rechenoperation ist die Addition von R zum Ergebnis, welches im ersten Schritt gewonnen wurde.
	
	3. Schritt:
	In einem dritten Rechenschritt wird das Ergebnis des zweiten Rechenschritts mit dem Wert von H multipliziert.

A * ((B + E) * D −F)
 	
   1.
 	
     2.
 	
       3.
 	
         4.
	Bei diesem Beispiel ist insbesondere die Regel „innere Klammer vor äußerer Klammer" zu beachten. Die unter der Gleichung angeordneten Klammern zeigen die Reihenfolge der Bearbeitungsschritte an.

A * (B + S) −D/(P + Q)
 	
  1.   2.
 	
  3.   4.
 	
      5.
	Bei diesem Beispiel ist insbesondere die Regel „gleichrangige Klammerausdrücke werden von links nach rechts behandelt" zu beachten.
	
	Die unter der Gleichung angeordneten Klammern zeigen die Reihenfolge der Bearbeitung an.

8.4. Vorzeichen

Es kommt häufig vor, daß Operationszeichen und Vorzeichen direkt aufeinander folgen. Der Compiler kann diesen Unterschied jedoch nicht erkennen. Für ihn folgen zwei arithmetische Operatoren aufeinander, von denen er nicht weiß, welche dieser Operationen ausgeführt werden soll. Aus diesem Grunde ist es in arithmetischen BASIC-Ausdrücken nicht erlaubt, daß zwei arithmetische Operatoren *unmittelbar* aufeinander folgen.

Zwei arithmetische Operatoren dürfen nie unmittelbar aufeinander folgen.

Die vorzeichenbehaftete Variable ist daher stets in Klammern einzuschließen.

Beispiele für vorzeichenbehaftete Variable:

A = B * (– C) ist erlaubt; I = A – (+ B) ist erlaubt;	A = B * – C ist verboten I = A – + B ist verboten

8.5. Die allgemeine Form der arithmetischen Zuordnungsanweisung (LET-Anweisung)

Die arithmetische Zuordnungsanweisung hat die allgemeine Form

   n LET Variable = arithmetischer Ausdruck   [1])

Die arithmetische Zuordnungsanweisung besteht

- aus der Anweisungsnummer n,
- dem Schlüsselwort LET, das die Art der auszuführenden Operation angibt und
- der Zuweisung: Variable = arithmetischer Ausdruck.

Bei der Zuweisung wird der Wert eines arithmetischen Ausdrucks, der nach den soeben besprochenen arithmetischen Regeln ausgewertet wurde, einer Variablen zugeordnet. Damit die Zuordnung vom Compiler stets richtig getroffen werden kann, steht der arithmetische Ausdruck, aus dem der Wert der Variablen ermittelt wird, auf der rechten Seite des Gleichheitszeichens, während die Variable, der der Wert des arithmetischen Ausdrucks zugewiesen wird, stets auf der linken Seite des Gleichheitszeichens steht.

Der Wert der linksstehenden Variablen *ergibt* sich aus dem Wert des rechsstehenden arithmetischen Ausdrucks oder anders ausgedrückt:

Der Wert des rechtsstehenden arithmetischen Ausdrucks wird der linksstehenden Variablen *zugeordnet*.

Beispiele für arithmetische Zuordnungsanweisungen:

Arithmetische Zuordnungsanweisung	Erläuterung
5 LET P = 3.14	Der Variablen mit dem Variablennamen P wird der Zahlenwert 3.14 zugeordnet. Technisch gesehen spielt sich folgender Vorgang bei der Zuordnung ab: In dem für die Variable P bereitgehaltenen Speicherplatz der DVA wird durch diese Zuordnung der Zahlenwert 3.14 abgespeichert.
1Ø LET X = Z * Y	Der Variablen mit dem Variablennamen X wird der Wert des Produktes der Variablen Z und Y zugeordnet. Technisch gesehen spielt sich folgender Vorgang bei der Zuordnung ab: Der Wert der Variablen Z wird mit dem Wert der Variablen Y multipliziert und das Ergebnis in dem für die Variable X bereitgehaltenen Speicherplatz der DVA abgespeichert.

[1]) Bei vielen modernen DVA's kann inzwischen auf das Schlüsselwort LET verzichtet werden, da die Art der Anweisung schon hinreichend durch das Gleichheitszeichen gekennzeichnet wird.

Die arithmetische Zuordnungsanweisung hat eine reine Zuordnungsfunktion. Das Gleichheitszeichen stellt keine Gleichheit im Sinne der Mathematik dar. Dies verdeutlicht das folgende Beispiel:

Arithmetische Zuordnungsanweisung	Erläuterung
15 LET I = I + 1	Diese arithmetische Zuordnungsanweisung bewirkt, daß der Wert der Variablen mit dem Variablennamen I um 1 erhöht wird. Technisch spielt sich folgender Vorgang bei der Zuordnung ab: Der Wert der Variablen I, der in der Speicherzelle mit der symbolischen Adresse I enthalten ist, wird um 1 erhöht. Der sich daraus ergebende Wert wird nun in dem Speicherplatz der Variablen I der DVA abgespeichert. Der ursprüngliche Wert der Variablen I wird bei diesem Vorgang vernichtet, oder, wie man auch sagt, durch den neuen Wert überschrieben. Dieses Beispiel zeigt deutlich den Unterschied zwischen einer arithmetischen Zuordnungsanweisung und einer Gleichung. Die Form I = I + 1 ist als Gleichung sinnlos.

Mathematische Gleichungen, die nicht in der Form

> **Variable = arithmetischer Ausdruck**

vorliegen, müssen vorher entsprechend umgeformt werden.

Beispiel

Mathematische Gleichung	Umformung	BASIC
$\frac{1}{x} = \frac{1}{y} + \frac{1}{z}$	$x = \dfrac{1}{\frac{1}{y} + \frac{1}{z}}$	5 LET X = 1/((1/Y) + (1/Z))

In BASIC sind auch Mehrfachzuweisungen möglich, wenn mehreren Variablen der gleiche Wert zugewiesen werden soll.[1]

Beispiele für Mehrfachzuweisungen in BASIC:

Mehrfachzuweisung	Erläuterung
1∅ LET A = B = C = 5	Den Variablen a, b und c wird jeweils der Wert 5 zugeordnet.
15 LET A = B = C = 2 * X ** N	Zunächst wird der Wert der Variablen x mit dem Wert der Variablen n potenziert und dies mit der Konstanten 2 multipliziert. Das Ergebnis wird den Variablen a, b und c zugeordnet.

---

[1] Dies gilt nicht für alle DVA's. Genaue Auskünfte geben die Herstellerhandbücher.

8.6. Zusammenfassung

> Arithmetische *Ausdrücke* stellen Vorschriften zur Berechnung von Zahlenwerten dar. Sie bestehen aus Konstanten, Variablen und Standardfunktionen, die mit Hilfe von arithmetischen Operatoren verknüpft werden.
>
> Bei dem Aufbau von arithmetischen Ausdrücken sind einige Regeln zu beachten:
>
> - Stehen mehrere arithmetische Operatoren verschiedenen Ranges in einer Anweisung, werden die Verknüpfungen entsprechend ihrer Rangfolge behandelt.
>
>   Für die Rangordnung arithmetischer Operatoren gilt:
>
>   Rang 1: **
>   Rang 2: * und /
>   Rang 3: + und −
> - Stehen mehrere gleichrangige arithmetische Operatoren in einem arithmetischen Ausdruck, werden sie in der Reihenfolge von links nach rechts behandelt.
> - Der Multiplikationsoperator darf in arithmetischen BASIC-Ausdrücken nicht fortgelassen werden.
> - Klammerausdrücke haben vor den arithmetischen Operationen Vorrang.
> - Innere Klammerausdrücke haben Vorrang vor den äußeren Klammerausdrücken.
> - Gleichrangige Klammerausdrücke werden von links nach rechts behandelt.
> - Zwei arithmetische Operatoren dürfen nie unmittelbar aufeinander folgen.
>
> Eine arithmetische *Zuordnungsanweisung* hat die allgemeine Form:
>
> > n LET Variable = arithmetischer Ausdruck
>
> Der Wert des rechtsstehenden arithmetischen Ausdrucks wird der linksstehenden Variablen zugeordnet.
>
> Wenn mehreren Variablen der gleiche Wert zugewiesen werden soll, sind Mehrfachzuweisungen möglich.

8.7. Übungsaufgaben

Mit Hilfe der folgenden Übungsaufgaben soll das Schreiben und Lesen von BASIC-Formelausdrücken geübt werden. Die Lösungen befinden sich in Kap. 14. Zusätzlich zur Lösung werden in der Spalte „Bemerkung" Hinweise gegeben, auf welche Punkte besonders zu achten ist, um Fehler zu vermeiden.

Schon einmal angeführte Hinweise wurden in den darauf folgenden Formeln nicht mehr aufgeführt.

Aufgabe 8.1

Geben Sie an, in welcher Reihenfolge die einzelnen arithmetischen Operationen in den folgenden arithmetischen BASIC-Ausdrücken bearbeitet werden:

Nr.	Arithmetischer Ausdruck
1	2 * A ** 3
2	A + B/C + D ** C
3	(A ** 2 + B ** 2) * .2
4	SQR (ABS (X + 1) + A)
5	KØ * (1 + P/1ØØ) ** N

Aufgabe 8.2

Übertragen Sie die folgenden Formeln aus der in der Mathematik üblichen Formelschreibweise in die BASIC-Schreibweise.

Nr.	Mathematische Schreibweise	BASIC-Schreibweise
1.	$U = 2\pi r$	
2.	$F = \pi r^2$	
3.	$c = a + 2b^3$	
4.	$h = a + \dfrac{b}{c} + fd^e - g$	
5.	$x = a(b - cd)$	
6.	$y = \dfrac{a}{5 + 2b}$	
7.	$y = \dfrac{a}{5} + 2b$	
8.	$e = \dfrac{ab}{cd}$	
9.	$e = \dfrac{7}{8}(x - y)$	
10.	$c = \sqrt{a^2 + b^2}$	
11.	$a = \cos\alpha$	
12.	$b = \tan^3 X$	
13.	$y = |a| + |b - c|$	

Aufgabe 8.3

Übertragen Sie die folgenden Formeln aus der BASIC-Schreibweise in die in der Mathematik üblichen Formelschreibweise (Variable P steht für π, G für γ, O für ω).

Nr.	BASIC-Schreibweise	Mathematische Schreibweise
1.	5 LET X = 4 * 3.14 * R **3/3	
2.	1∅ LET Y = 1/(M ** (– 2) – N ** (– 2))	
3.	15 LET Z = (1 – 2 * I) ** (1 /3)	
4.	2∅ LET U = EXP (– Y * Y/(2 * P * S))	
5.	25 LET V = EXP (N * LOG (Y))	
6.	3∅ LET Y = LOG ((ABS ((X + 1)/X))	
7.	35 LET W = ((A + B) ** 2) ** (1/5)	
8.	4∅ LET N = A * (1 – EXP (– T/2))	
9.	45 LET G = A ** ((N ** 2) – 1)	
10.	5∅ LET C = SQR (A * A + B * B – 2 * A * B * COS (G))	
11.	55 LET R1 = SQR (R * R + (O * A – 1 /(O * C)) ** 2)	

9. Steueranweisungen

In einem BASIC-Programm werden die Anweisungen in aufsteigender Reihenfolge der Anweisungsnummern geordnet und ausgeführt (vgl. 5.1). Da die Anweisungsnummern bereits bei der Aufstellung des Programms vergeben werden, liegt die Bearbeitungsfolge der Anweisungen schon vor dem Programmablauf fest. Oft ist es jedoch wünschenswert, den Programmablauf in Abhängigkeit von berechneten oder eingegebenen Werten steuern zu können.

Man unterscheidet dabei folgende Steueranweisungen:

- **Sprunganweisungen**
- **Programmverzweigungsanweisungen**
- **Schleifenanweisungen**
- **Programmbeendungsanweisungen**

9.1. Unbedingte Sprunganweisungen

Die Ausführung der unbedingten Sprunganweisung GOTO führt zu einer unbedingten Programmverzweigung. Sie wird immer dann benutzt, wenn von einer Anweisung im Programm ohne jede einschränkende Bedingung zu einer anderen Anweisung im Programm gesprungen werden soll. Als Sprungziel wird die Anweisungsnummer dieser Anweisung angegeben. Nach erfolgtem Sprung wird das Programm *linear* weiter abgearbeitet, bis gegebenenfalls eine andere Steueranweisung die Reihenfolge ändert.

Die unbedingte Sprunganweisung hat die Form:

$$\boxed{n_1 \; \text{GOTO} \; n_2}$$

Hierbei ist:

- n_1 die Anweisungsnummer der unbedingten Sprunganweisung,
- GOTO das Schlüsselwort der unbedingten Sprunganweisung und
- n_2 das Sprungziel der unbedingten Sprunganweisung.

Die unbedingte Sprunganweisung bewirkt, daß das Programm mit der Anweisung der Anweisungsnummer n_2 fortgesetzt wird.

Beispiele für den Einsatz von unbedingten Sprunganweisungen:

Beispiel für einen Vorwärtssprung:

```
      .
      .
  ┌─ 5  GOTO 11
  │   .
  │   .
  │   .
  └→11  LET X = Y + Z
      .
      .
```

In diesem Ausschnitt eines Programmbeispieles, in dem einige Anweisungen durch Punkte symbolisch dargestellt wurden, wird gezeigt, daß mit Hilfe der unbedingten Sprunganweisung ein Programmteil übersprungen werden kann. In dem dargestellten *Vorwärtssprung* werden nach dem Befehl GOTO 11 drei Anweisungen übersprungen. Das Programm wird dann mit der Anweisung der Anweisungsnummer 11, d. h. mit der Anweisung LET X = Y + Z, fortgesetzt.

Mit Hilfe der unbedingten Sprunganweisung kann ein Programmteil übersprungen werden.

Das Sprungziel kann jedoch auch vor der unbedingten Sprunganweisung liegen. Man spricht dann von einem *Rücksprung*.

Beispiel für einen Rücksprung:

```
      .
      .
  ┌→ 5  LET X = Y + Z
  │   .
  │   .
  │   .
  └─25  GOTO 5
      .
      .
```

Das Programmstück zwischen den beiden ausgeschriebenen Anweisungen wird immer wieder durchlaufen. Auf diese Weise kann man also eine *Programmschleife* bilden.

Mit Hilfe eines Rücksprungs kann eine Programmschleife gebildet werden.

In diesem Beispiel wird die Programmschleife endlos lange durchlaufen. Um zu erreichen, daß eine Schleife nur endlich oft durchlaufen wird, muß in Abhängigkeit von einer Bedingung aus der Schleife herausgesprungen werden. Dies kann z.B. durch Programmverzweigungsanweisungen (vgl. 9.3) geschehen.

9.2. Berechnete Sprunganweisungen (Verteiler)

Es kann beim Programmieren vorkommen, daß für einen Sprung mehrere Sprungziele vorgesehen werden sollen und daß erst eine Rechnung während des Programmablaufs angibt, wohin gesprungen werden soll.

Die berechnete Sprunganweisung hat die Form:

$$n \text{ ON } a \text{ GOTO } n_1, n_2, \ldots, n_m \text{ } [1]$$

Dabei ist:

- n die Anweisungsnummer der berechneten Sprunganweisung,
- ON zusammen mit GOTO das Schlüsselwort der berechneten Sprunganweisung,
- a der arithmetische Ausdruck der Bedingung, aus dem errechnet wird, zu welchem Sprungziel gesprungen werden soll und
- n_i für $i = 1, 2, \ldots, m$ die Anweisungsnummer von ausführbaren Anweisungen, die als Sprungziele möglich sind.

Die berechnete Sprunganweisung bewirkt, daß in Abhängigkeit vom Wert i des arithmetischen Ausdrucks a zu der Anweisung mit der Anweisungsnummer n_i gesprungen wird.

Nimmt z.B. der arithmetische Ausdruck a den Wert 1 an, wird zur ersten angegebenen Anweisungsnummer der Liste verzweigt. Nimmt der arithmetische Ausdruck den Wert 2 an, so wird zur zweiten Anweisungsnummer der Liste verzweigt usw. .

Beispiel für eine berechnete Sprunganweisung:

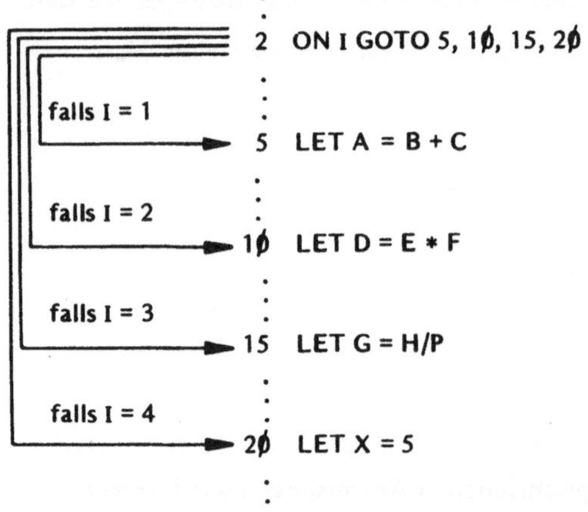

---

[1] Die berechnete Sprunganweisung ist nicht in allen BASIC-Versionen enthalten.

Wenn die Berechnung des arithmetischen Ausdrucks keine ganze Zahl, sondern eine Dezimalzahl ergibt, wird nur der ganzzahlige Teil gemäß der Standardfunktion INT (X) berücksichtigt (vgl. 6.5).

Beispiel für eine berechnete Sprunganweisung:

5 ON A + B 1∅, 15, 2∅, 25, 3∅

Den Variablen A und B mögen folgende Werte zugeordnet sein:

A = 1,3;   B = 2,6.

Die Berechnung des arithmetischen Ausdrucks ergibt: A + B = 3,9. Da nur der ganzzahlige Anteil berücksichtigt wird, wird zur dritten Anweisungsnummer, d. h. zur Anweisung mit der Anweisungsnummer 2∅ gesprungen.

Wäre hingegen A = 1,5 und B = 2,6, so ergäbe sich A + B = 4,1 und es würde zur vierten Anweisungsnummer, d. h. zur Anweisung mit der Anweisungsnummer 25 verzweigt.

Ist das Ergebnis des arithmetischen Ausdrucks negativ, null oder größer als die Anzahl der angegebenen Anweisungsnummern, so ist die anzuspringende Anweisung nicht definiert und es wird eine Fehlermeldung ausgegeben.

Beispiel für eine berechnete Sprunganweisung:

1∅ ON A – B 1∅∅, 11∅, 12∅

Es muß darauf geachtet werden, daß der Wert der Variablen B stets kleiner ist als der Wert der Variablen A, da der arithmetische Ausdruck sonst negativ bzw. null würde. Dies würde zu einer Fehlermeldung führen.

Weiterhin darf der Ausdruck A – B nicht größer als drei werden, da nur drei Sprungziele in Form von Anweisungsnummern vorhanden sind.

Die berechnete Sprunganweisung eignet sich besonders vorteilhaft für die Fälle, in denen eine vielfache Verzweigung (Verteiler) des Programms erforderlich ist.

9.3. Programmverzweigungsanweisung

Programmverzweigungsanweisungen bieten die Möglichkeit, das Programm in Abhängigkeit bestimmter Bedingungen zu verzweigen. Derartige Probleme werden in BASIC ähnlich wie in der Umgangssprache in Form einer Wennanweisung formuliert.

- Umgangssprache:
  Wenn die Bedingung *B* erfüllt ist, *dann* soll die Operation *O* ausgeführt werden.
- BASIC allgemein
  IF B THEN O

Die *Verzweigungsbedingung B* muß in BASIC durch einen *Vergleich* zweier arithmetischer Ausdrücke wie folgt beschrieben werden.

$a_1 \oplus a_2$

Hierbei sind a_1 und a_2 die zu vergleichenden arithmetischen Ausdrücke und $\oplus$ das Symbol des Vergleichsoperators.

BASIC kennt sechs Vergleichsoperatoren

Mathematisches Symbol	BASIC	Deutsche Sprechweise
$<$	$<$	kleiner als
$\leqslant$	$<=$	kleiner gleich
$=$	$=$	gleich
$\geqslant$	$>=$	größer gleich
$>$	$>$	größer
$\neq$	$<>$	ungleich[1])

In dem Vergleichsausdruck $a_1 \oplus a_2$ muß das *allgemeine* Symbol $\oplus$ für den Vergleichs-operator durch einen dieser sechs *speziellen* Vergleichsausdrücke ersetzt werden.

Beispiele für Vergleichsausdrücke:

Mathematische Schreibweise	BASIC	Deutsche Sprechweise
$a < b$	$A < B$	a kleiner als b
$d \geqslant e$	$D >= E$	d größer gleich e
$f \neq g + h$	$F <> G + H$	f ungleich g + h

Die *Operation O*, die bei Erfüllung der Bedingung B ausgeführt werden soll, wird in der Anweisung nicht direkt angegeben, sondern indirekt durch Angabe der Anweisungs-nummer der auszuführenden Operation.

Die Programmverzweigungsanweisung hat somit die Form:

n_1 IF $a_1 \oplus a_2$ THEN n_2

Hierbei ist:

n_1 die Anweisungsnummer der Programmverzweigungsanweisung

IF   zusammen mit THEN das Schlüsselwort der berechneten Sprunganweisung

a_1, a_2 die zu vergleichenden arithmetischen Ausdrücke

$\oplus$ das Symbol des Vergleichsoperators

n_2 die Anweisungsnummer der Anweisung, zu der verzweigt wird, wenn die Be-dingung, ausgedrückt durch den Vergleich zweier arithmetischer Ausdrücke, erfüllt ist.

Die Programmverzweigungsanweisung erlaubt somit eine Programmverzweigung in Ab-hängigkeit von dem Wahrheitswert eines Vergleichsausdrucks.

Ist der Wahrheitswert des Vergleichsausdrucks $a_1 \oplus a_2$ wahr (die Bedingung ist erfüllt), dann wird zur Anweisung mit der angegebenen Anweisungsnummer n_2 verzweigt und daran anschließend,wie gewohnt,im Programm fortgefahren.

---

[1]) Teilweise wird bei einigen DVA's das BASIC-Sonderzeichen # bzw. $> <$ als Vergleichs-operator zur Kennzeichnung der Ungleichheit benutzt.

Ist der Wahrheitswert des Vergleichsausdrucks hingegen falsch (die Bedingung ist nicht erfüllt), dann wird zur nächsten Anweisung, d.h. zur Anweisung mit der nächsthöheren Anweisungsnummer übergegangen.

Die Programmverzweigungsanweisung stellt im Programmablaufplan eine Verzweigung mit zwei Ausgängen dar (vgl. Bild 9.1).

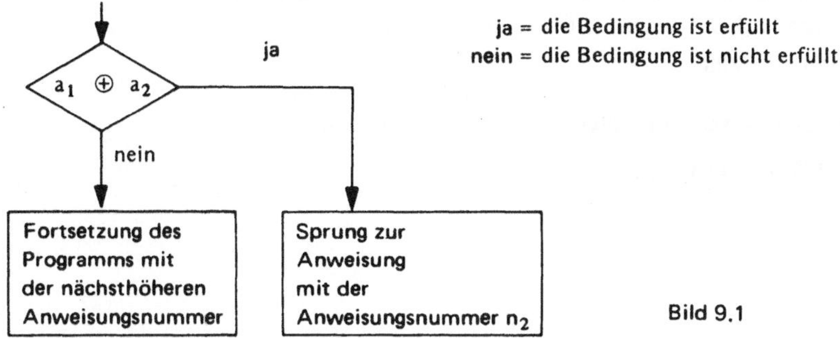

Beispiel für eine Programmverzweigungsanweisung:

```
2Ø IF X > 1Ø THEN 6Ø
3Ø LET A = B + C
4Ø   .
5Ø   .
6Ø LET D = E * F
      .
      .
```

Erläuterung zu dem Beispiel:

Wenn der Wert des Vergleichsausdrucks $X > 1Ø$ wahr ist, wird mit der Anweisung der Anweisungsnummer 6Ø im Programm fortgefahren und die arithmetische Zuordnungsanweisung LET D = E * F ausgeführt.

Wenn der Wert des Vergleichsausdrucks $X > 1Ø$ falsch ist, wird zur Anweisung mit der nächsthöheren Anweisungsnummer übergegangen, d.h. hier im Beispiel, daß im Programm mit der Anweisung der Anweisungsnummer 3Ø fortgefahren wird.

Es wird in diesem Falle die arithmetische Zuordnungsanweisung LET A = B + C ausgeführt.

Im Programmablaufplan wird diese Programmverzweigungsanweisung wie folgt dargestellt:

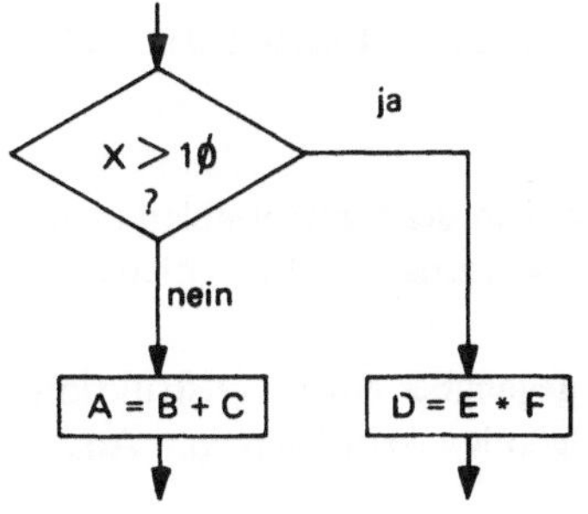

Weitere Beispiele für Programmverzweigungsanweisungen

Nr.	Programmverzweigungsanweisung
1	5 IF A = 1Ø THEN 5Ø
2	1Ø IF B >= C + D THEN 55
3	15 IF C1 <> Ø THEN 6Ø
4	2Ø IF D1 + D2 < A ** 2 THEN 65

9.4. Schleifenanweisungen

Eine Schleife ist eine Folge von mehrfach zu durchlaufenden Anweisungen.

Eine Schleifenanweisung bewirkt, daß eine Folge von Anweisungen mehrfach durchlaufen wird.

Programmschleifen lassen sich zwar schon mit Hilfe der geschilderten Sprung- und Wennanweisungen aufbauen (vgl. 9.1 bis 9.3). Eleganter ist jedoch die Verwendung einer speziellen Schleifenanweisung.

Die Schleifenanweisung besteht aus folgendem Anweisungspaar:

n_1 FOR v = a_1 TO a_2 STEP a_3

.
.
.

n_2 NEXT v

Hierbei sind:

- n_1 und n_2 die Anweisungsnummern des Anweisungspaares der Schleifenanweisung
- FOR, TO, STEP und NEXT die Schlüsselworte der Schleifenanweisung
- a_1, a_2, a_3 arithmetische Ausdrücke (vgl. 8.1).
  Ein arithmetischer Ausdruck ist im einfachsten Falle eine Konstante bzw. eine Variable
- v eine Variable

Die Schleife beginnt mit der FOR-Anweisung und endet mit der NEXT-Anweisung. Zwischen den Anweisungen FOR und NEXT sind die Anweisungen anzuordnen, die in der Schleife mehrfach durchlaufen werden sollen.
Die Variable v ist eine sog. *Laufvariable.* **Sie durchläuft von einem Anfangswert bis zu einem Endwert alle Werte mit einer vorgegebenen Schrittweite.**
Der *Anfangswert* **(untere Grenze des Laufbereiches) wird durch den arithmetischen Ausdruck a_1 festgelegt,**
der *Endwert* **(obere Grenze des Laufbereiches) durch den arithmetischen Ausdruck a_2 und**
die *Schrittweite* **durch den arithmetischen Ausdruck a_3.**
Zur Kennzeichnung des Schleifenzusammenhanges muß die Variable v hinter FOR und NEXT stets die gleiche sein.

Der Schleifendurchlauf wird abgebrochen, wenn der Endwert von der Laufvariablen überschritten wird. Das Programm wird dann mit der nächsten Anweisung, die der Schleife folgt, fortgesetzt.
Die vorteilhafte Schreibweise, die die Schleifenanweisung gegenüber einer Konstruktion aus Sprung- und Wennanweisungen bietet, kommt in den folgenden Beispielen zum Ausdruck.

Beispiel:

Es soll die Summe der ganzen geradzahligen Zahlen von 1 bis 20 gebildet werden.

Programmablaufplan:

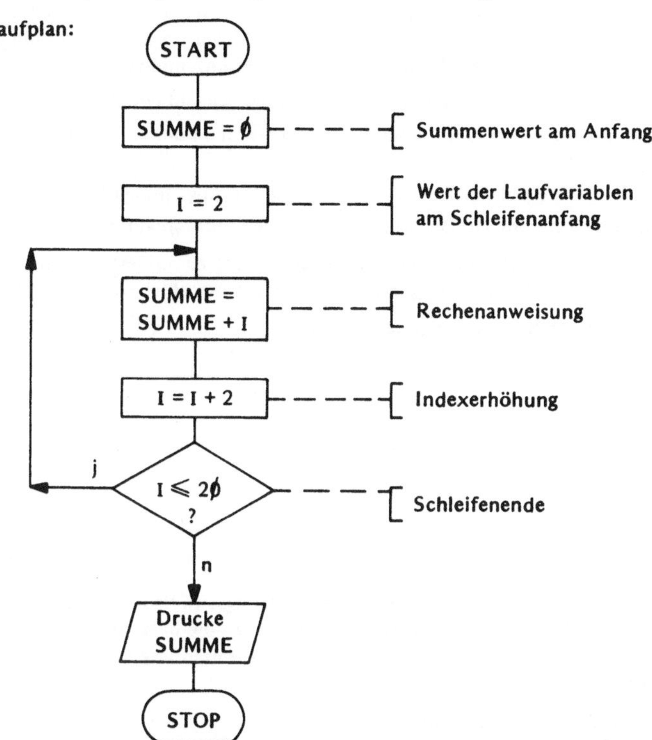

Erklärung:

Zunächst müssen die Anfangswerte gesetzt werden. So wird zunächst der Inhalt der Speicherzelle, in der die Summen nach jedem Schleifendurchlauf abgespeichert werden, Null gesetzt, damit Werte, die vorher möglicherweise in der Speicherzelle standen, das Ergebnis nicht verfälschen können (SUMME = ∅).

Außerdem wird der Anfangswert der Laufvariablen I auf den ersten ganzzahligen Wert, der zur Summe beiträgt, festgelegt (I = 2).

Es erfolgt anschließend die erste Rechnung: SUMME = ∅ + 2. Darauf folgt die erste Indexerhöhung, die sich aus I = I + 2 mit den vorgegebenen Werten zu I = 2 + 2 = 4 ergibt. Durch eine Abfrage, ob I ≤ 2∅ ist, wird der Index I überprüft. Ist der Wahrheitswert wahr, wird die zweite Rechnung SUMME = 2 + 4 ausgeführt usw.. Die Schleife wird solange durchlaufen, bis I > 20 wird. Dann wurden alle ganzen geradzahligen Zahlen einschließlich 20 aufaddiert und die Summe kann gedruckt werden.

Anhand des vorangegangenen Programmablaufplanes sollen die verschiedenen Programmierungsmöglichkeiten einer Programmschleife gezeigt werden:

● **Programmschleife mit berechneter Sprunganweisung**

```
 5 LET S = ∅
1∅ LET I = 2
15 LET S = S + I
2∅ LET I = I + 2
25 ON I GOTO 5,5,5,15,5,15,5,15,5,15,5,15,5,15,5,15,5,15,5,15,5,3∅
3∅ . . .
```

Das Programm hält sich streng an den Programmablaufplan. Der Variablenname der Summe ist S, der des Schleifenzählers I. Die berechnete Sprunganweisung, die hier zur Beendung der Schleifendurchläufe eingesetzt wurde, fällt durch ihre Länge auf. Der maximale Wert des Schleifenzählers mit dem Variablennamen I bestimmt die Anzahl der notwendigen Anweisungsnummern und damit die Länge der berechneten Sprunganweisung. In der Liste der Anweisungsnummern dient

— die Anweisungsnummer 5 zur Auffüllung auf die notwendige Anzahl von Anweisungsnummern.

  Hier hätte auch jede andere Anweisungsnummer gewählt werden können, da sie vom Programm her nie angesprungen wird,

— Die Anweisungsnummer 15 dient zur Realisierung des Rücksprungs (neuer Schleifendurchlauf).

— Die Anweisungsnummer 3$\emptyset$ dient zur Beendigung des Schleifendurchlaufes.

Dieses Beispiel zeigt deutlich, daß die berechnete Sprunganweisung zumindest für viele Schleifendurchläufe recht lang wird, d. h. sie ist wenig geeignet, um Programmschleifen zu formulieren.

● Programmschleife mit Programmverzweigungsanweisung

```
 5 LET S = Ø
1Ø LET I  = 2
15 LET S = S + I
2Ø LET I = I + 2
25 IF I < = 2ØTHEN 15
3Ø ...
```

Dieses Beispiel macht deutlich, daß die Programmverzweigungsanweisung durch ihre Kürze wesentlich besser geeignet ist, den Schleifendurchlauf zu beenden, als die berechnete Sprunganweisung. Vorteilhaft ist weiterhin, daß sich das Programm von der Formulierung im Programmablaufplan nicht unterscheidet.

● Programmschleife mit Schleifenanweisung

```
 5 LET S = Ø
1Ø FOR I  = 2 TO 2Ø STEP 2
15 LET S = S + I
2Ø NEXT I
25 ...
```

Die Programmschleife mit Schleifenanweisung zeigt, daß zur Bildung der Schleife eine Anweisung weniger benötigt wird als in den vorangegangenen Beispielen. Dies spart Programmierzeit, Speicherplatz und dgl. und ist somit die eleganteste Form, in BASIC Programmschleifen zu formulieren.

Bei der Verwendung der Schleifenanweisung sind folgende Regeln zu beachten:

● **Die Anzahl der BASIC-Anweisungen zwischen FOR- und NEXT-Anweisung ist unbegrenzt.**

● **Wenn der Wert des arithmetischen Ausdrucks a_3 positiv ist, muß der Wert von a_2 größer als der von a_1 sein. Ist dies nicht der Fall, wird die Schleife nicht durchlaufen und das Programm fährt mit der auf NEXT folgenden Anweisung fort.**

 Wenn der Wert des arithmetischen Ausdrucks a_3 negativ ist, muß hingegen der Wert von a_1 größer als der von a_2 sein.

- Der arithmetische Ausdruck a_3, der die Schrittweite angibt, kann entfallen, wenn $a_3 = 1$ ist. Dies vereinfacht die Formulierung der Programmschleife.

- Der Wert der Laufvariablen v, sowie die Werte der arithmetischen Ausdrücke a_1, a_2 und a_3 dürfen nicht durch Anweisungen innerhalb des Laufbereiches verändert werden.

  Innerhalb einer Schleife ist es z.B. verboten, die Laufvariable v durch eine Anweisung wie z.B. $V = V + 1$ zu verändern.

- Aus dem Schleifenbereich darf zwar herausgesprungen werden, aber nicht hinein.

  Die Laufvariable hat außerhalb der Schleifenanweisung den Wert, den sie unmittelbar vor Ausführung der Sprunganweisung hatte. Dieser Wert ist dann außerhalb der Schleife verfügbar.

- Es können mehrere Schleifenanweisungen geschachtelt werden. Die innere Schleife muß dabei vollständig in der äußeren Schleife liegen. Die maximale Anzahl der ineinander geschachtelten Schleifen ist abhängig von der jeweiligen DVA und ist aus den Herstellerhandbüchern zu entnehmen.

Beispiel einer Schleifenschachtelung:

```
1Ø   FOR I  = 1 TO 2ØØ STEP 2
  .
  .
  .
5Ø   FOR N = 1 TO 1Ø                     innerer        äußerer
  .                                      Schleifen-     Schleifen-
  .                                      bereich        bereich
  .
1ØØ  NEXT N
11Ø  NEXT I
```

Folgende Schleifenschachtelung wäre wegen der Überschneidungen der Laufbereiche nicht erlaubt:

```
1Ø   FOR I  = 1 TO 2ØØ STEP 2
  .
  .                                                     Schleifenbereich
  .                                                     der Laufvariablen I
5Ø   FOR N = 1 TO 1Ø
  .                              Schleifenbereich
  .                              der Laufvariablen N
1ØØ  NEXT I
11Ø  NEXT N
```

9.5. Programmbeendungsanweisungen

Der *Anfang* eines BASIC-Programms wird durch keine besondere Anweisung gekennzeichnet.

Das *Ende* eines BASIC-Programms muß jedoch immer angegeben werden. Die Programmbeendungsanweisungen dienen zur Abgrenzung der „BASIC-Sätze" und sind als „Satzzeichen" des Programms anzusehen.

9.5.1. Die END-Anweisung

Jedes BASIC-Programm muß mit einer END-Anweisung abgeschlossen werden. Sie muß die höchste vergebbare Anweisungsnummer besitzen.

Die END-Anweisung hat die Form

    n END

Die END-Anweisung bewirkt, daß der Programmlauf abgebrochen wird.

9.5.2. Die STOP-Anweisung

Die STOP-Anweisung bewirkt einen Sprung zum Programmende. Sie hat die Form

    n STOP

Vielverzweigte Programme weisen häufig mehrere logische Enden auf. Der Sprung zum Programmende kann durch die STOP-Anweisung veranlaßt werden. Sie dient somit dem gleichen Zweck wie eine unbedingte Sprunganweisung (GOTO) zur Anweisung mit der höchsten im Programm vergebbaren Anweisungsnummer (END-Anweisung).

Beispiel:

Folgende Programmteile sind einander vergleichbar:

$1\emptyset$ IF A $>$ 5 THEN $3\emptyset$ $1\emptyset$ IF A $>$ 5 THEN $3\emptyset$
$2\emptyset$ STOP $2\emptyset$ GOTO $5\emptyset$
$3\emptyset$ IF Y = B + C THEN $5\emptyset$ $3\emptyset$ IF Y = B + C THEN $5\emptyset$
$4\emptyset$ LET Y = $\emptyset$ $4\emptyset$ LET Y = $\emptyset$
$5\emptyset$ END $5\emptyset$ END

9.6. Zusammenfassung

Steueranweisungen, die den linearen Programmablauf ändern, sind:

- Sprunganweisungen
- Programmverzweigungsanweisungen
- Schleifenanweisungen
- Programmbeendungsanweisungen

- Die *unbedingte Sprunganweisung* hat die Form:

    n_1 GOTO n_2

Sie bewirkt, daß das Programm mit der Anweisung, die als Sprungziel in Form einer Anweisungsnummer hinter dem Sprungbefehl steht, fortgesetzt wird.

Mit Hilfe der unbedingten Sprunganweisung kann ein Programmteil übersprungen werden.

Mit Hilfe eines Rücksprunges kann eine Programmschleife gebildet werden.

- Die *berechnete Sprunganweisung* (Verteiler) hat die Form:

$$n \text{ ON } a \text{ GOTO } n_1, n_2, \ldots, n_i$$

Sie bewirkt, daß in Abhängigkeit vom Wert i des arithmetischen Ausdrucks a zu der Anweisung mit der Anweisungsnummer n_i gesprungen wird.

Wenn die Berechnung des arithmetischen Ausdrucks keine ganze Zahl, sondern eine Dezimalzahl ergibt, wird nur der ganzzahlige Teil gemäß der Standardfunktion INT (X) berücksichtigt.

Ist das Ergebnis des arithmetischen Ausdrucks negativ, null oder größer als die Anzahl der angegebenen Anweisungsnummern, so ist die anzuspringende Anweisung nicht definiert und es wird eine Fehlermeldung ausgegeben.

- Die *Programmverzweigungsanweisung* hat die Form:

$$n_1 \text{ IF } a_1 \quad \oplus \quad a_2 \text{ THEN } n_2$$

Sie erlaubt eine Programmverzweigung in Abhängigkeit von dem Wahrheitswert des Vergleichsausdruckes $a_1 \oplus a_2$.

Ist der Wahrheitswert des Vergleichsausdruckes „wahr" (die Bedingung ist erfüllt), dann wird zur Anweisung mit der Anweisungsnummer n_2 verzweigt und daran anschließend wie gewohnt im Programm fortgefahren.

Ist der Wahrheitswert des·Vergleichsausdruckes „falsch" (die Bedingung ist nicht erfüllt), dann wird zur nächsten Anweisung, d. h. zur Anweisung mit der nächsthöheren Anweisungsnummer, übergegangen.

BASIC kennt sechs Vergleichsoperatoren für den Vergleichsausdruck:

Mathematisches Symbol	BASIC
$<$	$<$
$\leqslant$	$< =$
$=$	$=$
$\geqslant$	$> =$
$>$	$>$
$\neq$	$<>$

- Die *Schleifenanweisung* bewirkt, daß eine Folge von Anweisungen mehrfach durchlaufen wird.

Sie besteht aus folgendem Anweisungspaar:

$$n_1 \text{ FOR } v = a_1 \text{ TO } a_2 \text{ STEP } a_3$$
$$\vdots$$
$$n_2 \text{ NEXT } v$$

Die Schleife beginnt mit der FOR-Anweisung und endet mit der NEXT-Anweisung.

Zwischen den Anweisungen FOR und NEXT sind die Anweisungen anzuordnen, die in der Schleife mehrfach durchlaufen werden sollen.

— Die Laufvariable v der Schleife durchläuft von einem Anfangswert bis zu einem Endwert alle Werte mit einer vorgegebenen Schrittweite.

  Der Anfangswert (untere Grenze des Laufbereiches) wird durch den arithmetischen Ausdruck a_1 festgelegt, der Endwert (obere Grenze des Laufbereiches) durch den arithmetischen Ausdruck a_2 und die Schrittweite durch den arithmetischen Ausdruck a_3.

— Zur Kennzeichnung des Schleifenzusammenhanges muß die Variable v hinter FOR und NEXT stets die gleiche sein.

— Die Anzahl der BASIC-Anweisungen zwischen FOR und NEXT ist unbegrenzt.

— Der arithmetische Ausdruck a_3, der die Schrittweite angibt, kann entfallen, wenn $a_3 = 1$ ist. Dies vereinfacht die Formulierung der Programmschleife für diesen häufig vorkommenden Fall.

— Der Wert der Laufvariablen v, sowie die Werte der arithmetischen Ausdrücke a_1, a_2 und a_3 dürfen nicht durch Anweisungen innerhalb des Laufbereiches verändert werden.

— Aus dem Schleifenbereich darf zwar herausgesprungen werden, aber nicht hinein.

  Die Laufvariable hat außerhalb der Schleifenanweisung den Wert, den sie unmittelbar vor Ausführung der Sprunganweisung hatte. Dieser Wert ist dann außerhalb der Schleife verfügbar.

— Es können mehrere Schleifenanweisungen geschachtelt werden. Die innere Schleife muß dabei vollständig in der äußeren Schleife liegen. Die maximale Anzahl der ineinandergeschachtelten Schleifen ist abhängig von der jeweiligen DVA.

● Jedes BASIC-Programm muß mit einer *END-Anweisung* abgeschlossen werden. Sie muß die höchste vergebbare Anweisungsnummer besitzen.

  Die Endanweisung hat die Form:

n END

  Die *Stopanweisung* bewirkt einen Sprung zum Programmende. Sie hat die Form:

n STOP

9.7. Übungsaufgaben

Die Lösungen der Übungsaufgaben befinden sich in Kap. 14.

Aufgabe 9.1

Was bewirken die folgenden Steueranweisungen?

Nr.	Steueranweisung	Erläuterung
1	25 GOTO 5	
2	5∅ ON I GOTO 5,1∅, 15,2∅	
3	3∅ IF C > 1∅ THEN 15	
4	25 FOR I = 1TO12∅ STEP 4 . . . 5∅ NEXT I	
5	25 FOR I = 1 TO 12∅ . . . 5∅ NEXT I	

Aufgabe 9.2

Man schreibe die Programmverzweigungsanweisungen, die folgendes bewirken:

Nr.	Aufgabe	Programmverzweigungs- anweisung
1	Falls x $\leqslant$ 50, springe zur Anweisungs-nummer 10.	
2	Falls a = b, springe zur Anweisungs-nummer 35.	
3	Falls e = f + g, springe zur Anwei-sungsnummer 22.	
4	Falls 7z – 15 > x, springe zur An-weisungsnummer 17.	
5	Falls a1 + a2 + a3 $\neq$ a1 · a2, springe zur Anweisungsnummer 200.	

Die Anweisungsnummer der Programmverzweigungsanweisung selbst sei frei wählbar.

Aufgabe 9.3

Sind folgende Steueranweisungen zulässig?

Nr.	Steueranweisung	Ja	Nein
1	2∅ GOTO n	0	0
2	3∅ ON Z ** 2 GOTO 3,4,5,6	0	0
3	4∅ IF A1 $\leqslant$ A2 THEN 7∅	0	0
4	5∅ FOR I + 1 TO I + 1∅ . . . 1∅∅ NEXT I	0	0
5	6∅ IF 2 * X <> ∅ GOTO 7∅	0	0

Aufgabe 9.4

Schreiben Sie mit Hilfe der Steueranweisungen den entsprechenden Programmabschnitt
für folgende Aufgaben:

Nr.	Aufgabe	Programmabschnitt
1	Wenn die Differenz von X und Y kleiner als Null ist, soll Z von der Differenz subtrahiert werden. Dies soll die neue Differenz sein. Falls X − Y größer oder gleich Null ist, soll Z zur Differenz addiert werden. Das Ergebnis soll in diesem Fall die neue Differenz sein.	
2	Wenn das Produkt von A und B ungleich Null ist, soll das Produkt durch C geteilt werden. Andernfalls soll zu dem Produkt D addiert werden.	

Aufgabe 9.5

> Es sollen die Quadratzahlen der ganzen Zahlen von 1 bis 100 errechnet und addiert werden.
> Zeichnen Sie einen Programmablaufplan und schreiben Sie die BASIC-Programmschleife
> mit Hilfe einer Programmverzweigungsanweisung und mit Hilfe einer Schleifenanweisung.

Aufgabe 9.6

> Zu welcher Anweisungsnummer verzweigt ein Programm, das folgende berechnete Sprung-
> anweisung enthält:
>
> $3\emptyset$ ON A − B GOTO $5\emptyset$, $6\emptyset$, $7\emptyset$, $8\emptyset$
>
> A möge den Wert 8,5 und B den Wert 4,4 einnehmen!

10. Eingabeanweisungen

Programme müssen mit den erforderlichen Daten versorgt werden. Dazu dienen Eingabeanweisungen.

Eingabeanweisungen dienen dazu, Programme mit den erforderlichen Daten zu versorgen.

Im folgenden sollen drei Möglichkeiten erläutert werden, BASIC-Programme mit Daten
zu versorgen:

- **Wertzuweisung mit Hilfe der LET-Anweisung**
- **Eingabe mit Hilfe der READ-DATA-Anweisung**
- **Eingabe mit Hilfe der INPUT-Anweisung**

10.1.   Wertzuweisung mit Hilfe der LET-Anweisung

Es ist schon mit den bisherigen Kenntnissen möglich, BASIC-Programme mit den erforderlichen Daten zu versorgen. Dazu legt man die Eingabedaten am Anfang eines
jeden Programmes mit Hilfe von arithmetischen Zuordnungsanweisungen (LET-Anweisungen), fest (vgl. 8.5).

Beispiel:

Es soll ein BASIC-Programm zur Berechnung der Gleichung $x = a + b \cdot c$ aufgestellt werden. Die
Eingabedaten seien:

   $a = 5$; $b = 7,2$; $c = 0,5$.

Erfolgt die Wertzuweisung über LET-Anweisungen, so ergibt sich folgendes Programm:

```
1Ø LET A = 5
2Ø LET B = 7.2
3Ø LET C = Ø.5
4Ø LET X = A + B * C
```

Die ersten drei LET-Anweisungen weisen den Variablen der vierten LET-Anweisung die erforderlichen
Werte zu.

Dieses Beispiel zeigt, daß für jede Variable, für die ein Wert eingegeben werden soll, eine
LET-Anweisung geschrieben werden muß.

Wenn viele Variable mit Eingabewerten versehen werden müssen oder häufig Änderungen
der Eingabewerte erfolgen sollen, wird dieses Verfahren sehr umständlich. Aus diesen
Gründen wurden für die Programmiersprache BASIC spezielle Eingabeanweisungen geschaffen, die es erleichtern, Programme mit Eingabewerten zu versehen. Sie sorgen dafür,
daß die jeweiligen Eingabewerte von dem Eingabegerät (vgl. 1.2 und [1]) zu dem Speicher
der Zentraleinheit transportiert werden.

10.2.   Eingabe mit Hilfe der READ-DATA-Anweisung

Daten werden mit Hilfe der READ-DATA-Anweisung folgendermaßen eingegeben:

   n_1 READ $v_1, v_2, ..., v_x$

   .
   .
   .

   n_2 DATA $K_1, K_2, ..., K_x$

Dabei sind:

n_1, n_2 Anweisungsnummern der beiden Anweisungen (READ, DATA)

READ, DATA   Schlüsselworte der Eingabeanweisung

$v_1, ..., v_x$ Variablenliste mit n Variablen

$K_1, ..., K_x$ Werteliste mit n Konstanten

● Mit Hilfe des Wortsymboles *READ* (deutsch: Lies) wird der DVA mitgeteilt, daß
  Daten eingelesen werden sollen.

● Die *Variablenliste,* die auf das Schlüsselwort READ folgt, enthält die Variablen, denen
  Werte zugewiesen werden sollen.

Es können dabei beliebig viele Variablen in beliebiger Reihenfolge aufgelistet werden.
Die einzelnen Variablen werden dabei durch Kommata voneinander getrennt.
Dabei können sowohl einfachen als auch indizierten Variablen Werte zugewiesen
werden.

● Die zuzuweisenden Werte müssen im Programm durch eine besondere Anweisung,
  die sog. *DATA*-Anweisung, festgelegt werden.

  Die Werte werden also schon während des *Übersetzungslaufes* des Programms in den
  Speicher der DVA eingelesen und nicht erst unmittelbar vor dem eigentlichen Rechen-
  lauf. Auf das Schlüsselwort DATA (deutsch: Daten) folgt die Werteliste mit den
  Konstanten $K_1, \ldots, K_x$, die den Variablen $v_1, \ldots, v_x$ zugewiesen werden sollen.

Die Werte in der Werteliste der DATA-Anweisung werden dabei so aufgelistet,

— daß der erste Wert der Werteliste der ersten Variablen der Variablenliste,

— der zweite Wert der Werteliste der zweiten Variablen der Variablenliste usw.

zugeordnet wird.

Die Werte müssen durch Kommata getrennt werden.

**Mit Hilfe der READ-DATA-Anweisung können beliebig vielen Variablen Werte zuge-
wiesen werden.**

**Diese Variablen werden, durch Kommata getrennt, in einer „Variablenliste" hinter
dem Schlüsselwort READ aufgelistet.**

Die Reihenfolge der Variablen kann beliebig sein.

**Die Zahlenwerte der Variablen werden, durch Kommata getrennt, in einer „Werteliste"
hinter dem Schlüsselwort DATA aufgelistet und zwar in der Reihenfolge, in der die zugehörigen Variablen in der Variablenliste der READ-Anweisung aufgelistet sind.**

Beispiel einer Eingabeanweisung mit Hilfe von READ — DATA:

Eingabeanweisung	Erläuterung
1Ø READ A, B . . . 5Ø DATA 15, 18 . . .	Der Variablen A wird der Wert 15 und der Variablen B der Wert 18 zugewiesen.

**Die Variablen der Variablenliste müssen nicht in *einer* READ-Anweisung zusammenge-
faßt sein.**

Beispiel:

Eingabeanweisung	Erläuterung
1∅ READ A, B, C 2∅ READ D 3∅ LET X = A + B + C + D . . . 7∅ DATA 3, - ∅.5, 8∅, 12∅ . .	Nach der Ausführung der beiden READ-Anweisungen haben die Variablen folgende Werte angenommen: A = 3 B = - ∅.5 C = 8∅ D = 12∅

Die Daten für die Variablen der Variablenliste müssen nicht in einer DATA-Anweisung zusammengefaßt sein.

Beispiel:

Eingabeanweisung	Erläuterung
1∅ READ A 2∅ READ B 3∅ READ C, D 4∅ LET X = A + B + C + D 5∅ DATA 3 6∅ DATA - ∅.5, 8∅ 7∅ DATA 12∅ . .	Nach der Ausführung der drei READ-Anweisungen haben die Variablen folgende Werte angenommen: A = 3 B = - ∅.5 C = 8∅ D = 12∅ Diese Eingabeanweisung bewirkt also die gleiche Zuordnung wie die Eingabeanweisung des vorangegangenen Beispiels.

Diese Beispiele zeigen, daß den in der READ-Anweisung aufgelisteten Variablen der Reihe nach immer der nächste Zahlenwert aus der DATA-Anweisung zugeordnet wird.

Man muß daher darauf achten, daß stets ausreichend Daten vorhanden sind.

Eine READ-Anweisung ohne Daten führt zu einer Fehlermeldung.

Die Fehlermeldung lautet:

    OUT OF DATA IN n

Diese Fehlermeldung weist darauf hin, daß der READ-Anweisung mit der Anweisungsnummer n keine oder zu wenig Daten in der DATA-Anweisung zugeordnet wurden.

Die DATA-Anweisung kann an jeder beliebigen Stelle des Programms stehen.

Es ist jedoch üblich, alle DATA-Anweisungen am Programmende zusammenzufassen.

An folgendem Beispiel wird deutlich, daß die Wertzuweisung mit Hilfe der READ-DATA-Anweisung gegenüber der Wertzuweisung mit Hilfe von LET-Anweisungen (vgl. 10.1) Vorteile aufweist.

Beispiel:

Es soll ein BASIC-Programm zur Berechnung der Gleichung x = a + b + c + d aufgestellt werden. Die Eingabedaten seien:

a = 3; b = – 0,5; c = 80 und d = 120.

Formulieren Sie die Eingabe der Daten

- mit Hilfe von LET-Anweisungen
- mit Hilfe einer READ-DATA-Anweisung

Programm mit LET-Anweisungen	Programm mit READ-DATA-Anweisung
1∅ LET A = 3 2∅ LET B = –∅.5 3∅ LET C = 8∅ 4∅ LET D = 12∅ 5∅ LET X = A + B + C + D ⋮	1∅ READ A, B, C, D 2∅ LET X = A + B + C + D 3∅ DATA 3, –∅.5, 8∅, 12∅ ⋮

Dieses Beispiel zeigt, daß der Schreibaufwand des Programms mit den LET-Anweisungen größer ist als der mit der READ-DATA-Anweisung. Diese Schreibersparnis macht sich insbesondere dann vorteilhaft bemerkbar, wenn das gleiche Programm mit verschiedenen Datensätzen ablaufen soll oder sehr viel mehr Daten eingegeben werden müssen.

10.3. Eingabe mit Hilfe der INPUT-Anweisung

Mit der INPUT-Anweisung erreicht man ein noch größeres Maß an Flexibilität bei der Eingabe als mit der READ-DATA-Anweisung, da die Daten mit Hilfe der INPUT-Anweisung erst *während des Programmlaufes* (Rechenlaufs) eingegeben werden müssen. Man hat somit die Möglichkeit, Eingabedaten nötigenfalls abhängig von vorangegangenen Rechenergebnissen einzulesen. Die INPUT-Anweisung ist daher besonders gut geeignet, wenn der Benutzer mit der DVA in einen *Dialog* treten will. Dazu ein Anwendungsbeispiel:

In *Lehrprogrammen* stellt die DVA Fragen und verlangt vom Lernenden Antworten (z. B. richtig, falsch, weiß ich nicht, usw.). Die Antworten sind Eingabedaten, die erst während des Programmlaufs eingegeben werden können. Dies wäre jedoch mit einer READ-DATA-Eingabe nicht möglich, da hier verlangt wird, daß die Eingabedaten schon im Programm durch eine DATA-Anweisung eindeutig festgelegt werden. Für die *Dialogsprache BASIC* wurde daher eine besondere Eingabeanweisung geschaffen, die es ermöglicht, daß Daten auch während des Programmlaufs eingegeben werden können. Dies ist die sog. INPUT-Anweisung.

Die INPUT-Eingabeanweisung hat folgende allgemeine Form:

n INPUT v_1, v_2, ..., v_x

Dabei ist

n	die Anweisungsnummer der INPUT-Anweisung
INPUT	das Schlüsselwort der Anweisung
$v_1, \ldots, v_x$	eine Variablenliste mit n Variablen

- Das Wortsymbol *INPUT* (deutsch: Eingabe) bewirkt, daß der DVA mitgeteilt wird, daß Daten *während* des Programmlaufes eingegeben werden sollen.

- Die *Variablenliste*, die auf das Schlüsselwort INPUT folgt, enthält die Variablen, denen Werte während des Programmlaufes zugewiesen werden sollen.

  Es können dabei beliebig viele Variablen in beliebiger Reihenfolge aufgelistet werden.

  Die einzelnen Variablen werden dabei durch Kommata voneinander getrennt.

- Die benötigten Daten werden nicht aus dem Speicher der DVA entnommen, sondern nach Bearbeitung der INPUT-Anweisung direkt vom Benutzer angefordert.

  Die Anforderung an den Benutzer, Daten einzugeben, wird an der Benutzerstation meist durch Ausgabe eines *Fragezeichens* gekennzeichnet.

- Nach Ausgabe des Fragezeichens müssen soviel *Zahlenwerte* eingegeben werden, wie Variablen in der Variablenliste der INPUT-Anweisung stehen.

  Die Werte werden dabei so aufgelistet, daß

  — der erste eingegebene Wert der ersten Variablen der Variablenliste,

  — der zweite eingegebene Wert der zweiten Variablen der Variablenliste usw.

  zugeordnet wird.

  Die Eingabewerte müssen dabei durch Kommata getrennt werden.

- Werden zu wenig oder zu viel Variablen eingegeben, so wird der Benutzer durch besondere Meldungen darauf aufmerksam gemacht.

Mit Hilfe der INPUT-Anweisung können Daten während des Programmlaufes eingegeben werden.

Die Variablen, für die Werte eingegeben werden sollen, werden in einer Variablenliste hinter dem Schlüsselwort INPUT aufgelistet.

Sie werden durch Kommata voneinander getrennt.

In der Variablenliste können auch indizierte Variablen (Felder) stehen.

Die Reihenfolge der Variablen kann beliebig sein.

Bei der Ausführung der INPUT-Anweisung wird ein Fragezeichen auf der Benutzerstation ausgegeben.

Das Programm erwartet daraufhin die Eingabe der Zahlenwerte für die Variablen der Variablenliste der INPUT-Anweisung.

Die Zahlenwerte für die einzelnen Variablen werden durch Kommata voneinander getrennt.

Beispiel einer INPUT-Eingabeanweisung:

INPUT-Anweisung	Erläuterung
. : 4$\emptyset$ INPUT A, B 5$\emptyset$ LET X = A + B . : 8$\emptyset$ END ? 4.97, $\emptyset$.5	Während des Rechenlaufes eines Programms möge die DVA auf die INPUT-Anweisung (4$\emptyset$ INPUT A, B) stoßen. Sie wird gelesen und als Eingabeanweisung interpretiert. Bei der Ausführung der INPUT-Anweisung wird von der DVA auf dem Fernschreiber ein Fragezeichen ausgedruckt. Das Programm erwartet nun die Eingabe von zwei Zahlenwerten für die Eingabevariablen A und B. Der Benutzer gibt über die Tastatur des Fernschreibers zunächst für die Variable A einen Wert ein, z.B. 4,97, trennt diesen Wert gegenüber den folgenden durch ein Komma und gibt anschließend für die Variable B den Wert −0,5 ein. Nach Abschluß der Eingabe (Drücken der RETURN-Taste o. ä.) wird zur nächsten Anweisung des Programms (5$\emptyset$ LET X = A + B) übergegangen.

10.4. Zusammenfassung

Eingabeanweisungen dienen dazu, Programme mit den erforderlichen Daten zu versorgen.

● Eingabe mit Hilfe der READ-DATA-Anweisung

Daten werden mit Hilfe der READ-DATA-Anweisungen folgendermaßen eingegeben:

$$n_1 \text{ READ } v_1, v_2, \ldots, v_x$$
$$\vdots$$
$$n_2 \text{ DATA } K_1, K_2, \ldots, K_x$$

Mit Hilfe der READ-DATA-Anweisung können beliebig vielen Variablen Werte zugewiesen werden.

Diese Variablen werden, durch Kommata getrennt, in einer „Variablenliste" hinter dem Schlüsselwort READ aufgelistet.

Die Reihenfolge der Variablen kann beliebig sein.

In der Variablenliste können auch indizierte Variablen (Felder) stehen.

Die Zahlenwerte der Variablen werden, durch Kommata getrennt, in einer „Werteliste" hinter dem Schlüsselwort DATA aufgelistet und zwar in der Reihenfolge, in der die zugehörigen Variablen in der Variablenliste der READ-Anweisung aufgelistet sind.

Die Variablen der Variablenliste müssen nicht in *einer* READ-Anweisung zusammengefaßt sein.

Die Daten für die Variablen der Variablenliste müssen nicht in *einer* DATA-Anweisung zusammengefaßt sein.

> Die DATA-Anweisungen werden üblicherweise am Programmende zusammen-
> gefaßt.
>
> ● Eingabe mit Hilfe der INPUT-Anweisung
>
> Die INPUT-Anweisung hat folgende allgemeine Form:
>
> > $\boxed{\text{n INPUT } v_1, v_2, \ldots, v_x}$
>
> Mit Hilfe der INPUT-Anweisung können Daten während des Programmlaufes
> eingegeben werden.
>
> Die Variablen, für die Werte eingegeben werden sollen, werden in einer
> „Variablenliste" hinter dem Schlüsselwort INPUT, durch Kommata getrennt,
> aufgelistet.
>
> In der Variablenliste können auch indizierte Variablen (Felder) stehen.
>
> Die Reihenfolge der Variablen kann beliebig sein.
>
> Bei der Ausführung der INPUT-Anweisung wird ein Fragezeichen auf der
> Benutzerstation ausgegeben.
>
> Das Programm erwartet daraufhin die Eingabe der Zahlenwerte für die
> Variablen der Variablenliste der INPUT-Anweisung.
>
> Die Zahlenwerte für die einzelnen Variablen werden durch Kommata von-
> einander getrennt.

10.5. Übungsaufgaben

Die Lösungen der Übungsaufgaben befinden sich in Kap. 14.

Aufgabe 10.1

Schreiben Sie ein Programm zur Berechnung der Gleichung

$$y = ax^2 + bx + c$$

für $a = 5$; $b = -3,5$; $c = 0,6$ und $x = 3$

Die Eingabe der Werte soll erfolgen

1. mit Hilfe von LET-Anweisungen
2. mit Hilfe einer READ-DATA-Anweisung
3. mit Hilfe einer INPUT-Anweisung.

Aufgabe 10.2

Sind folgende Eingabeanweisungen richtig aufgebaut?

Nr.	BASIC-Eingabeanweisung	Ja	Nein
1	1∅ INPUT A1, A2, A3	0	0
2	2∅ READ C, P3, A5	0	0
3	3∅ INPUT AB	0	0
4	4∅ INPUT A (B), C (I + 2)	0	0
5	5∅ READ X, Y 6∅ READ Z . . . 1∅∅ DATA 1∅ 11∅ DATA ∅.8, – ∅.2	0	0
6	6∅ READ R, S, T, U . . . 7∅ DATA 5, 16, 18	0	0

11. Ausgabeanweisung

Nach der Datenverarbeitung muß die Möglichkeit bestehen, die gewünschten Ergebnisse auf einfache Weise vom Programm her in geeigneter Form auszugeben. Dazu dient in BASIC die Ausgabeanweisung PRINT.

Ausgabeanweisungen dienen dazu, Daten programmgesteuert auszugeben.

11.1. Die allgemeine Form der PRINT-Anweisung

Daten werden mit Hilfe der PRINT-Anweisung folgendermaßen ausgegeben:

$$n \text{ PRINT } a_1, a_2, \ldots, a_x$$

Dabei ist:

n   die Anweisungsnummer der PRINT-Anweisung
PRINT   das Schlüsselwort der Ausgabeanweisung
a_1 bis a_x eine Liste von n arithmetischen Ausdrücken

● Mit Hilfe des Wortsymbols *PRINT* (deutsch: Drucke) wird der DVA mitgeteilt, daß Daten ausgegeben werden sollen.

● Die *Liste der arithmetischen Ausdrücke,* die auf das Schlüsselwort PRINT folgt, enthält die arithmetischen Ausdrücke, deren Werte ausgegeben werden sollen. Arithmetische Ausdrücke sind dabei bekanntlich:

— Konstanten (vgl. 6.2)
— Variablen (vgl. 6.3)
— Indizierte Variablen (vgl. 6.3.2)
— Arithmetische Ausdrücke (vgl. 8.1)

● Es können beliebig viele arithmetische Ausdrücke in beliebiger Reihenfolge aufgelistet werden.

Die einzelnen arithmetischen Ausdrücke werden dabei durch *Listentrennzeichen* voneinander getrennt. Unter Listentrennzeichen versteht man Kommas bzw. Semikolons. Hier soll zunächst nur das Komma als Listentrennzeichen betrachtet werden.

Mit Hilfe des Schlüsselwortes PRINT wird der DVA mitgeteilt, daß Daten ausgegeben werden sollen.

Die arithmetischen Ausdrücke $a_1, \ldots, a_x$, deren Werte ausgegeben werden sollen, werden in einer Liste hinter dem Schlüsselwort PRINT aufgelistet.

Die Liste kann eine beliebige Anzahl von arithmetischen Ausdrücken enthalten.

Ihre Reihenfolge ist beliebig.

Sie werden durch Listentrennzeichen (Kommas, Semikolons) voneinander getrennt.

Beispiele für Ausgabeanweisungen:

PRINT-Anweisung	Erläuterung
5∅ PRINT F	Es wird der augenblickliche Zahlenwert der Variablen F auf dem Ausgabegerät ausgegeben.
6∅ PRINT A, B, C1, D	Es werden die augenblicklichen Zahlenwerte der Variablen A, B, C1 und D in der angegebenen Reihenfolge ausgegeben.
7∅ PRINT 8, 1∅∅∅ * (1 + ∅.6)	Es wird der Zahlenwert der Konstanten 8 sowie das Ergebnis des arithmetischen Ausdrucks 1∅∅∅ * (1 + ∅.6) ausgegeben.
8∅ PRINT A * *2, B * * 2	Es werden die Ergebnisse der arithmetischen Ausdrücke A * *2 und B * * 2 ausgegeben.
9∅ PRINT N, SQR (N)	Es wird der Zahlenwert der Variablen N, sowie anschließend der Zahlenwert der Standardfunktion SQR für das Argument N, ausgegeben.

11.2. Ausgabe von Daten

Bislang wurde nur allgemein davon gesprochen, daß Daten mit Hilfe der PRINT-Anweisung ausgegeben werden können. Es wurde jedoch nicht erwähnt, wie die Daten auf dem Ausgabegerät angeordnet werden.

Die Anordnung der Daten ist sehr wesentlich, denn die Ergebnisausdrucke sollen für jedermann ohne Kenntnis des Programms verständlich und übersichtlich dargeboten werden.

Die Ausgabeanweisung muß daher die Möglichkeit bieten, Daten übersichtlich auf dem Ausgabeausdruck zu gliedern, oder wie man auch sagt, zu *formatieren*.

Dies wäre gewährleistet, wenn die Druckzeilen und -spalten für die jeweiligen Ergebnisse weitgehend vom Programm her frei wählbar sind.

Die Regeln, die dabei im einzelnen zu beachten sind, werden im folgenden näher ausgeführt.

11.2.1. Das Spaltenformat

Das Standard-Spaltenformat

Um die Programmierarbeit bei der Formatierung der Ausgabe zu vereinfachen, sieht die Programmiersprache BASIC ein Standard-Spaltenformat vor.

Dieses Standard-Spaltenformat wird automatisch gewählt, wenn die PRINT-Anweisung in der bekannten Form (vgl. 11.1) angegeben wird.

Die Trennung der Liste der arithmetischen Ausdrücke durch Kommas bewirkt, daß die Ausgabezeile in fünf Felder zu je fünfzehn Druckstellen unterteilt wird (vgl. Abb. 11.1).

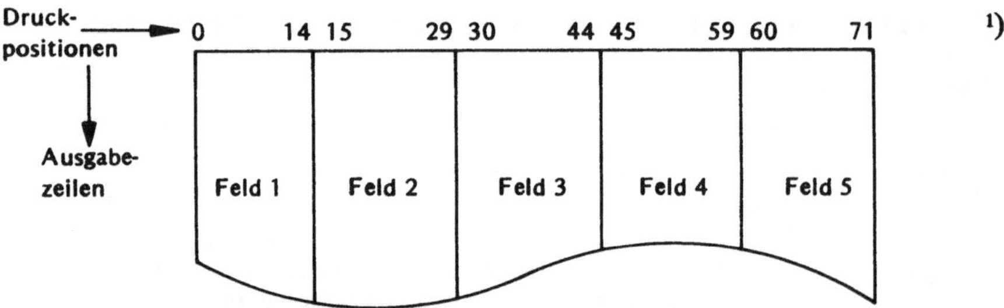

Bild 11.1. Einteilung der Ausgabezeilen in Felder

Für jeden arithmetischen Ausdruck, dessen Wert ausgegeben werden soll, ist ein Feld vorgesehen.

Die einzelnen Ausgabewerte werden der Reihe nach linksbündig in die jeweiligen Felder gedruckt, d.h. sie beginnen am linken Rand des Feldes.

- Wenn nur ein Wert ausgegeben werden soll, so kommt er in Feld 1 und beginnt mit der Druckposition 0.

- Wenn mehr als ein Wert gedruckt werden soll, so kommt der zweite Wert in Feld 2, das bei der Druckposition 15 beginnt.

  Der dritte Wert folgt in Feld 3, das mit der Druckposition 30 beginnt usw. .

---

[1] Eine Zeile eines Fernschreiberprotokolls weist 72 Druckpositionen auf. Sie werden i.a. mit Null beginnend durchnumeriert.

Beispiel für die Ausgabe von Variablenwerten:

Den Variablen A, B und C wurden in einer Rechnung folgende Werte zugewiesen:
A = 1ØØ; B = 2ØØØ; C = 11222;

PRINT-Anweisung	Druckbild der Ausgabe
5Ø PRINT A	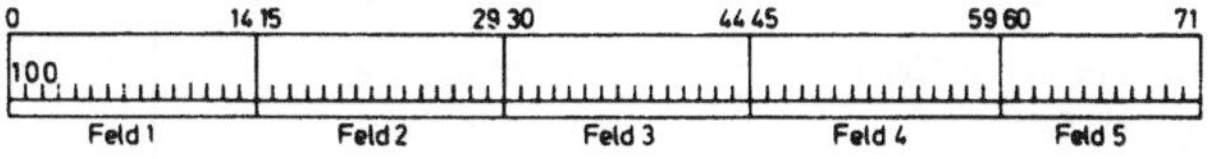 Spaltenposition — Skala: 0 … 14 15 … 29 30 … 44 45 … 59 60 … 71; Feld 1: 100; Feld 2; Feld 3; Feld 4; Feld 5
6Ø PRINT A, B, C	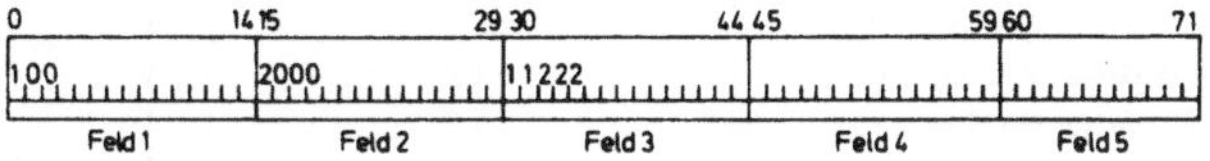 Spaltenposition — Skala: 0 … 14 15 … 29 30 … 44 45 … 59 60 … 71; Feld 1: 100; Feld 2: 2000; Feld 3: 11222; Feld 4; Feld 5

Wenn mehr als fünf Werte ausgegeben werden sollen, wird automatisch zu einer neuen Zeile übergegangen.

Dies bedeutet:

Die ersten fünf Ausgabewerte erhalten der Reihe nach je ein Feld in der ersten Ausgabezeile. Der sechste Wert wird im ersten Feld der zweiten Ausgabezeile ausgedruckt. Weitere Werte nehmen die nächsten Felder dieser Zeile ein. Daraufhin wird zur nächsten Ausgabezeile übergegangen usw. .

Beispiel für die Ausgabe von Variablenwerten:

Den Variablen A, B, C, D, E, F, G, H, I wurden in einer Rechnung die ganzen positiven Zahlen von 1 bis 9 zugewiesen.

PRINT-Anweisung	7Ø PRINT A, B, C, D, E, F, G, H, I
Druckbild der Ausgabe	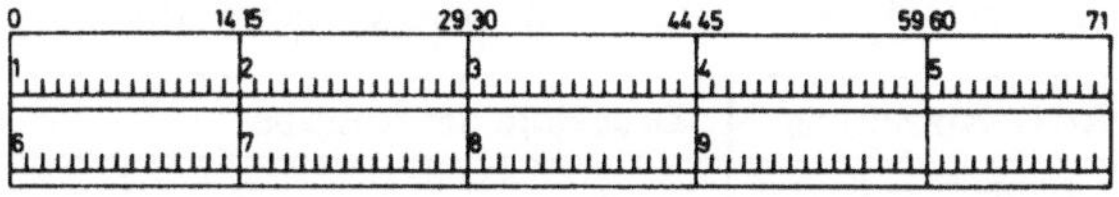 Spaltenposition — Skala: 0 … 14 15 … 29 30 … 44 45 … 59 60 … 71; Zeile 1: 1, 2, 3, 4, 5; Zeile 2: 6, 7, 8, 9

Falls ein zu druckender Wert mehr als 15 Druckstellen benötigt, werden dazwischenliegende Feldgrenzen nicht berücksichtigt.

Das variable Spaltenformat

Für kleine Zahlenwerte (z. B. einstellige Zahlenwerte wie im obigen Beispiel) sind die Felder mit 15 Druckstellen recht groß bemessen. Wenn Felder mit weniger Druckstellen möglich wären, könnten mehr Zahlenwerte auf einer Druckzeile untergebracht werden.

Die Programmiersprache BASIC bietet daher auch die Möglichkeit, Zahlen in Abhängigkeit von der Anzahl der auszugebenden Ziffern in Felder variabler Größe zu drucken.

Trennt man die arithmetischen Ausdrücke in der Liste der arithmetischen Ausdrücke nach dem Schlüsselwort PRINT nicht mit Hilfe eines Kommas, sondern mit einem Semikolon (;), so weiß die DVA, daß das variable Spaltenformat verlangt wird.

Trennt man die arithmetischen Ausdrücke in der Liste der arithmetischen Ausdrücke jeweils durch ein *Semikolon,* so werden die Werte in einem variablen Spaltenformat ausgedruckt.

Die Aufteilung der Druckzeile in Felder hängt von der benutzten DVA ab.

Eine häufig benutzte Formatierung ist folgender Tabelle zu entnehmen:

Anzahl der Ziffern in der Zahl	Anzahl der Druckstellen je Feld	Anzahl der Felder[1]
1	3 [2]	24
2 oder 3 oder 4	6	12
5 oder 6 oder 7	9	8
8 oder 9 oder 10	12	6
11 oder größer	15	5

Für jeden arithmetischen Ausdruck, dessen Wert ausgegeben werden soll, ist ein Feld vorgesehen, dessen *Feldlänge* von der Anzahl der auszugebenden Ziffern abhängt.

Die einzelnen Ausgabewerte werden der Reihe nach linksbündig in die jeweiligen Felder gedruckt.

Beispiel für die Ausgabe von Variablenwerten im variablen Spaltenformat:

1. Den Variablen A, B, C, D, E, F, G, H, I wurden in einer Rechnung die ganzen positiven Zahlen von 1 bis 9 zugewiesen.

   Sie sollen im variablen Spaltenformat ausgegeben werden.

PRINT-Anweisung	Druckbild der Ausgabe
7Ø PRINT A; B; C; D; E; F; G; H; I	Druckposition: 0 3 6 9 12 15 18 21 24 ... 71 Ausdruck: 1 2 3 4 5 6 7 8 9 ...

2. Den Variablen A, B und C wurden in einer Rechnung die Zahlen 20, 25 und 30 zugewiesen. Sie sollen im variablen Spaltenformat ausgegeben werden.

PRINT-Anweisung	Druckbild der Ausgabe
8Ø PRINT A; B; C	Druckposition: 0 6 12 18 ... 71 Ausdruck: 20 25 30 ...

3. Den Variablen A, B und C wurden in einer Rechnung die Zahlen 100 000, 200 000 und 300 000 zugewiesen. Sie sollen im variablen Spaltenformat ausgegeben werden.

PRINT-Anweisung	Druckbild der Ausgabe
9Ø PRINT A; B; C	Druckposition: 0 9 18 27 ... 71 Ausdruck: 100000 200000 300000 ...

Wenn mehr Werte ausgegeben werden sollen, als Felder in einer Zeile vorhanden sind, wird automatisch zu einer neuen Zeile übergegangen.

---

[1] Eine Druckzeile eines Fernschreibformulars besitzt 72 Druckstellen.

[2] Häufig wird auch für eine Ziffer ein Feld mit 6 Druckstellen reserviert.

Das Tabellenformat

Häufig steht der Programmierer vor dem Problem, errechnete Werte in Tabellenform ausgeben zu müssen.

Die Benutzung des Standard-Spaltenformates bietet dazu die einfachste Möglichkeit. Die Werte dürfen dabei maximal 12 Druckstellen aufweisen. Als Nachteil ist zu werten, daß die Tabelle höchstens 5 nebeneinanderliegende Tabellenfelder aufweisen kann. Dies entspricht den 5 Feldern des Standard-Spaltenformats.

Vielfach möchte man mehr als 5 Tabellenfelder nebeneinander anordnen. Dies wäre z. B. bei der tabellarischen Darstellung des kleinen Einmaleins der Fall. Hier benötigt man 10 nebeneinanderliegende Tabellenfelder. Das Ausgabeformular muß somit in mindestens 10 Felder aufgeteilt werden.

Man könnte nun auf den Gedanken kommen, anstelle des Standard-Spaltenformats das variable Spaltenformat zur tabellarischen Darstellung heranzuziehen, wenn mehr als 5 Tabellenfelder nebeneinander benötigt werden, da es bekanntlich mehr Werte je Zeile unterzubringen erlaubt, als das Standard-Spaltenformat.

Dieser Gedanke erweist sich jedoch als wenig hilfreich, da sich bei einem variablen Spaltenformat die Feldeinteilung einer Zeile mit der Größenordnung der Werte ändert. So kann es vorkommen, daß die Feldeinteilungen in den verschiedenen Zeilen infolge unterschiedlicher Werte unterschiedlich sind. Dies führt dazu, daß die Werte nicht tabellarisch geordnet untereinander stehen.

Beispiel:
Es sollen mit Hilfe des *variablen* Spaltenformats folgende Werte in 3 Zeilen ausgegeben werden:

Zeile 1:   1; 2; 3
Zeile 2:   12; 123; 1234
Zeile 3:   12345; 123456; 1234567

Die Befehlsfolge lautet dazu:

5∅ PRINT 1; 2; 3
6∅ PRINT 12; 123; 1234
7∅ PRINT 12345; 123456; 1234567

Das Druckbild sieht dann folgendermaßen aus:

Druckposition

	0	10	20	30	71
1. Zeile	1 2 3				
2. Zeile	12 123 1234				
3. Zeile	12345 123456 1234567				

Wie dieses Beispiel deutlich zeigt, ergibt die Verwendung des variablen Spaltenformats keine tabellarische Anordnung der Werte.

BASIC bietet daher eine andere Möglichkeit, Berechnungsergebnisse tabellarisch in jedem gewünschten Format auszudrucken. Den tabellarisch auszudruckenden arithmetischen Ausdrücken der PRINT-Anweisung müssen zu diesem Zweck entsprechende *Tabulatorfunktionen* (TAB) vorangestellt werden.

Die allgemeine Form der Ausgabeanweisung für Tabellen ist:

n PRINT TAB (a_1), a_2, TAB (a_3), a_4, ..., TAB (a_{x-1}), a_x
n PRINT TAB (a_1); a_2; TAB (a_3); a_4; ...; TAB (a_{x-1}); a_x

bzw.

Den arithmetischen Ausdrücken der PRINT-Anweisung, die tabellarisch ausgedruckt werden sollen, werden zu diesem Zweck spezielle *Tabulatorfunktionen* (TAB) vorangestellt. Im einzelnen ist in der allgemeinen Form der Ausgabeanweisung für Tabellen:

n   die Anweisungsnummer der PRINT-Anweisung

PRINT   das Schlüsselwort der Ausgabeanweisung

TAB   das Schlüsselwort der Tabulatorfunktion.

Mit Hilfe des Schlüsselwortes TAB wird der DVA mitgeteilt, daß eine tabellarische Ausgabe folgen soll.

a_{x-1} ein arithmetischer Ausdruck

Der Wert dieses arithmetischen Ausdruckes im Argument der Tabulatorfunktion (runde Klammern) gibt die Druck*position* in der jeweiligen Druckzeile an, in der mit dem Drucken des gewünschten Wertes begonnen werden soll.

Die Tabulatorfunktion TAB (a_{x-1}) bewirkt also, daß der Schreibkopf des Fernschreibers zu der Druckposition vorrückt, die durch den Wert des arithmetischen Ausdruckes a_{x-1} bestimmt ist.

a_x ein arithmetischer Ausdruck

Der Wert dieses arithmetischen Ausdruckes soll tabellarisch ausgedruckt werden.

$\left\{ \begin{matrix} , \\ ; \end{matrix} \right\}$ **Als Listentrennzeichen ist sowohl das Komma als auch das Semikolon möglich.**

Sie definieren auch hier das Format der Werte in der Art, wie es von dem Standard-Spaltenformat und dem variablen Spaltenformat her bekannt ist:

Das *Komma* reserviert für den jeweiligen Ausgabewert ein Feld von 15 Spalten.

Das *Semikolon* reserviert für den Ausgabewert ein Feld, dessen Größe von der Anzahl der Ziffern des Wertes abhängt.

Das Semikolon wird in den meisten Fällen das zweckmäßigere Listentrennzeichen sein, da hier die reservierte Anzahl der Druckstellen des Feldes am kleinsten gehalten wird. Dies kommt der besseren Ausnutzung der Druckzeile direkt zugute.

Beispiel:

Es sollen mit Hilfe der Tabulatorfunktion folgende Werte tabellarisch in folgenden Zeilen ausgegeben werden:

Zeile 1:   1; 2; 3
Zeile 2:   12; 123; 1234
Zeile 3:   12345; 123456; 1234567

Die Werte sollen dabei in Feldern mit je 10 Druckstellen linksbündig ausgegeben werden. Das erste Feld soll 2 Druckstellen links vom Rand beginnen.

Die Befehlsfolge lautet dazu:

```
.
.
.
5Ø PRINT TAB (2); 1;  TAB (12);  2; TAB (22);  3
6Ø PRINT TAB (2); 12; TAB (12); 123; TAB (22); 1234
7Ø PRINT TAB (2); 12345; TAB (12); 123456; TAB (22); 1234567
```

Das Druckbild sieht dann folgendermaßen aus:

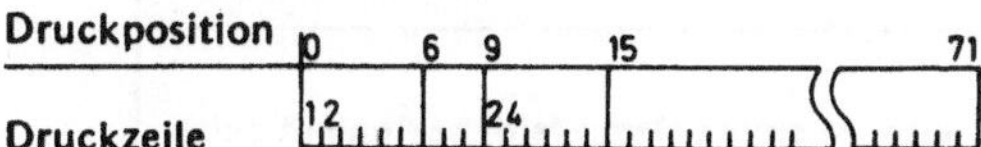

Die arithmetischen Ausdrücke a_x und a_{x-1} der allgemeinen Form der Ausgabeanweisung für Tabellen sind hier Konstanten.

Die Tabulatorfunktion TAB (2) in der Anweisung mit der Anweisungsnummer 5Ø weist die DVA z. B. an, daß die darauf folgende Konstante mit dem Wert 1 in der zweiten Druckposition in der 1. Zeile ausgegeben werden soll.

In der Ausgabeanweisung für Tabellen dürfen auch arithmetische Ausdrücke ohne Tabulatorfunktion auftreten.

Eine verallgemeinerte Darstellung wäre z. B.:

```
n PRINT a₁, TAB (a₂), a₃, a₄
```

Die arithmetischen Ausdrücke a_1, TAB (a_2), a_3, a_4 werden nach den bekannten Regeln (vgl. 11.2.1) ausgedruckt.

Beispiel:

Ein Programm enthalte folgende Ausgabeanweisung:

1Ø PRINT 12; TAB (9); 24

Als Listentrennzeichen wurde das Semikolon verwendet. Die auszugebenden Werte werden daher im variablen Spaltenformat ausgedruckt.

— Die zweistellige Zahl 12 wird in einem ersten Druckfeld von insgesamt 6 Druckstellen ausgegeben.
— Die zweistellige Zahl 24 wird in einem zweiten Druckfeld ausgegeben, das bei der Druckposition 9 beginnt und insgesamt 6 Druckstellen aufweist.

Die Tabulatorfunktion wird unwirksam, wenn die im Argument der Tabulatorfunktion angegebene Druckposition kleiner als die augenblickliche, schon erreichte Druckposition ist.

Beispiel:

Ein Programm möge folgende Ausgabeanweisung enthalten:

   1∅ PRINT 12, TAB (9), 24

Diese Ausgabeanweisung entspricht der Ausgabeanweisung des vorhergehenden Beispiels. Als Listentrennzeichen wurde hier jedoch anstelle des Semikolons ein Komma verwendet. Dies hat folgende Wirkung:

— Die zweistellige Zahl 12 wird im Standard-Spaltenformat ausgegeben, d.h. das erste Druckfeld besitzt insgesamt 15 Druckstellen.

— Die zweistellige Zahl 24 sollte eigentlich laut Tabulatorfunktion an der Druckposition 9 beginnen. Dies ist jedoch nicht möglich, da das erste Druckfeld für die Zahl 12 bis zur Druckposition 14 reicht. Dadurch wird die Tabulatorfunktion unwirksam. Die zweistellige Zahl wird daher so ausgedruckt, als ob keine Tabulatorfunktion vorhanden wäre, d.h. die Ausgabe erfolgt im Standard-Spaltenformat.

Das Druckbild sieht somit folgendermaßen aus:

Druckposition 0   15   30   71

Druckspalte   12___________24______________________

Das Argument der Tabulatorfunktion darf nur Druckpositionen aufweisen, die der Schreibkopf des Fernschreibers auch tatsächlich einnehmen kann.

Eine Zeile eines Fernschreiberformulars weist 72 Druckstellen auf (Druckposition 0 bis 71). Wenn nun im Argument der Tabulatorfunktion Druckpositionen auftreten, die größer als 71 sind, dann wird ein Wagenrücklauf ausgeführt und zu einer neuen Zeile übergegangen.

Treten im Argument der Tabulatorfunktion Druckpositionen auf, die kleiner als Null sind (negativ), dann bleibt der Schreibkopf am linken Zeilenrand stehen.

Bislang wurden für die arithmetischen Ausdrücke in der allgemeinen Form der Ausgabeanweisung für Tabellen nur Konstanten eingesetzt.

Es können natürlich jederzeit auch anstelle der Konstanten Variablen und arithmetische Ausdrücke eingesetzt werden, wie es die folgenden Beispiele zeigen:

Beispiel

Nr.	Ausgabeanweisung
1	1∅∅ PRINT X; TAB (12); Y; TAB (24); Z
	Der der Variablen X zugeordnete Wert wird im ersten Druckfeld, beginnend bei der Spaltenposition 0, ausgedruckt.
	Der der Variablen Y zugeordnete Wert wird in einem zweiten Druckfeld, beginnend bei der Spaltenposition 12, ausgedruckt.
	Der der Variablen Z zugeordnete Wert wird in einem dritten Druckfeld, beginnend bei der Spaltenposition 24, ausgedruckt.

Nr.	Ausgabeanweisung

Nr.	
2	1ØØ PRINT X; TAB (A); Y; TAB (2 * A); Z Der der Variablen X zugeordnete Wert wird im ersten Druckfeld, beginnend bei der Spaltenposition 0, ausgedruckt. Der der Variablen Y zugeordnete Wert wird in einem zweiten Druckfeld ausgegeben. Die Spaltenposition, in der dieses Feld beginnt, wird durch den Wert festgelegt, den die Variable A in der Tabulatorfunktion einnimmt. Der der Variablen Z zugeordnete Wert wird in einem dritten Druckfeld ausgegeben. Die Spaltenposition, in der dieses Feld beginnt, wird durch den Wert festgelegt, der sich aus dem arithmetischen Ausdruck 2 * A ergibt. Würde man z. B. der Variablen A den Wert 12 zuordnen, so würde sich der gleiche Ausdruck wie im 1. Beispiel ergeben.
3	5Ø LET W = Ø 6Ø LET B = 3.14/18Ø * W 7Ø PRINT TAB (35 + 25 * SIN (B)), W 8Ø LET W = W + 3Ø 9Ø GOTO 6Ø Dieser Programmabschnitt zeigt, wie man mit Hilfe der Tabulatorfunktion eine Sinusfunktion grafisch ausgeben kann.

Anw. Nr.	Erläuterung
5Ø	Der Anfangswert des Winkels der Sinusfunktion sei W = Ø
6Ø	Das Argument der Standardfunktion SIN (X) muß im Bogenmaß eingegeben werden (vgl. 6.5). Daher wird der Winkel W zunächst in das Bogenmaß B umgerechnet.
7Ø	Dies ist der Ausgabebefehl, mit dem die Sinusfunktion grafisch ausgegeben werden kann. Die Tabulatorfunktion errechnet aus dem arithmetischen Ausdruck (35 + 25 * SIN (B)) die Druckposition für den Wert der Variablen W. Diese Druckposition schwankt sinusförmig [SIN (B)] um den Zeilenmittenwert [35] der möglichen 72 Druckstellen. Der Faktor 25 dient zur Vergrößerung des Sinus in der grafischen Darstellung, der sonst nur Werte zwischen + 1 und − 1 einnimmt. Ist die Druckposition errechnet und vom Schreibkopf eingenommen, so wird anschließend an dieser Stelle der Wert des Winkels W im Gradmaß ausgedruckt.
8Ø	Der Winkel wird um 30 Grad erhöht.
| 9Ø | Mit dem neuen Winkel wird zur Anweisung mit der Anweisungsnummer 6Ø *zurück*gesprungen. Auf diese Weise wird eine Schleife aufgebaut, die die Sinuskurve in Abständen von 30 Grad grafisch darstellt, wie es die folgende Skizze bis zu einem Winkel von 180° zeigt:<br><br>```
0
  30
    60
      90
     120
    150
  180
``` |

Zur Beendigung der Schleifendurchläufe muß eine geeignete Verzweigungsanweisung (vgl. 9.3) in den Programmabschnitt eingefügt werden.
```

11.2.2. Der Zeilenvorschub

Jede PRINT-Anweisung bewirkt, daß zum Drucken der Werte eine neue Zeile eingenommen wird.

Beispiel

Das folgende Programm soll dazu dienen, die Zahlen von 1 bis 10 mit Hilfe einer Programmschleife zeilenweise auszudrucken.

```
1Ø FOR I = 1 TO 1Ø
2Ø PRINT I
3Ø NEXT I
4Ø END
```

Der Variablen I werden bei den einzelnen Schleifendurchläufen die Werte von 1 bis 1Ø mit der Schrittweite 1 zugeordnet (vgl. 9.4). Bei jedem Schleifendurchlauf wird auch die PRINT-Anweisung durchlaufen. Dies bewirkt, daß der jeweilige Zahlenwert der Variablen I stets im 1. Feld einer neuen Zeile ausgegeben wird.

Feld 1
Spaltenposition   0   15
Zeile 1   1
2
3
4
5
6
7
8
9
Zeile 10   10

Wenn die auf das Schlüsselwort PRINT folgende Liste der arithmetischen Ausdrücke mit einem Listentrennzeichen (Komma oder Semikolon) abschließt, wird eine *folgende* PRINT-Anweisung den Ausdruck in der bisherigen Zeile fortsetzen.

Die Werte werden in diesem Falle in den noch freien Feldern der alten Zeile ausgedruckt.

Beispiel:

Das Programm des obigen Beispiels wird wie folgt abgeändert:

```
1Ø FOR I = 1 TO 1Ø
2Ø PRINT I,
3Ø NEXT I
4Ø END
```

Auch hier wird bei jedem Schleifendurchlauf die PRINT-Anweisung durchlaufen. Das abschließende *Komma* bewirkt jedoch, daß die Werte nebeneinander im *Standard-Spaltenformat* ausgegeben werden, bis eine Druckzeile voll ist. Erst dann wird zu einer neuen Zeile übergegangen.

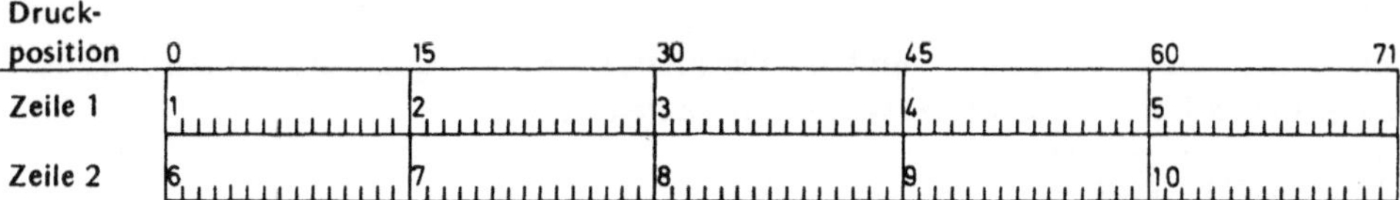

Würde die PRINT-Anweisung mit einem *Semikolon* abgeschlossen werden, so würden die Werte nebeneinander im *variablen Spaltenformat* ausgegeben werden.

Möchte man einen reinen Zeilenvorschub ohne jeglichen Ausdruck, so gibt man eine PRINT-Anweisung, jedoch ohne eine Liste von arithmetischen Ausdrücken.

Ein reiner Zeilenvorschub (Leerzeile) wird durch eine PRINT-Anweisung erzeugt, die keine Liste mit arithmetischen Ausdrücken enthält.

Die allgemeine Form zum Drucken einer Leerzeile ist somit:

> **n PRINT**

Beispiel:

Es soll in einer DVA für die Variable A der Wert 11 und für die Variable B der Wert 33 abgespeichert sein. Bei der Ausgabe sollen die Werte für A und B jeweils in einer neuen Zeile, getrennt durch eine Leerzeile, ausgegeben werden. Der Programmteil der Ausgabe lautet:

```
     .
     .
     .
1ØØ PRINT A
11Ø PRINT
12Ø PRINT B
```

Das Druckbild der Ausgabe hat folgendes Aussehen:

11.3. Ausgabe von kommentierenden Texten

Die Ausgabedaten lassen sich mit Hilfe

- des Standardspaltenformats
- des variablen Spaltenformats und
- des Tabellenformats

übersichtlich in Ausgabefelder gliedern. Die Übersichtlichkeit läßt sich noch weiter steigern, wenn zusätzlich die Möglichkeit besteht, beliebige Texte zur Erläuterung in das Datenmaterial einzufügen. Dabei kann es sich um Überschriften, Tabellentexte, Maßeinheiten usw. handeln.

Kommentierende Texte können mit Hilfe der PRINT-Anweisung ausgegeben werden. Die allgemeine Form zur Ausgabe von festen Texten ist:

```
n PRINT "Text"
```

Der Text darf aus beliebigen Zeichen des BASIC-Zeichenvorrats bestehen und ist in Anführungszeichen (" ") zu setzen.

Beispiel:

In einem Programm werden Quadratwurzeln berechnet.
Das Ausgabeprotokoll soll daher als Überschrift den kommentierenden Text

Quadratwurzeln

aufweisen. Der entsprechende Ausgabebefehl lautet:

```
1Ø PRINT "QUADRATWURZELN"
```

Beispiel:

In einem Programm soll für eine Vielzahl von Arbeitnehmern der Lohn aus der Anzahl der Stunden und dem Stundenlohn ermittelt werden. Für alle Arbeitnehmer ist ein Lohnstreifen zu erstellen, in dem über den jeweiligen Zahlenwerten in einer separaten Zeile folgende kommentierenden Texte stehen:

Stunden Std.lohn Lohn

Die Ausgabe der zugehörigen Werte soll im Standard-Spaltenformat erfolgen.

Eine Möglichkeit, die Ausgabeanweisung wunschgemäß zu formulieren, ist:

```
1Ø PRINT "STUNDEN        STD.LOHN       LOHN"
          0              15             30
```

Bei der Programmierung dieser PRINT-Anweisung wird mehrfach die *Leertaste* des Eingabegerätes (Leertaste eines Fernschreibers) gedrückt. Die Leerstellen wurden hier symbolisch durch ␣␣␣␣␣ gekennzeichnet. Bei der Bearbeitung des obigen Befehls wird der Text innerhalb der Anführungszeichen einschließlich aller Leerstellen unverändert ausgedruckt.

Leerstellen innerhalb eines durch Anführungszeichen gekennzeichneten Textes werden als „leere" Druckstellen gewertet, d.h. es wird kein BASIC-Zeichen ausgedruckt, der Schreibkopf bewegt sich, ohne zu drucken, um genau eine Druckposition weiter.

Mit Hilfe der Leerstellen lassen sich beliebige Abstände zwischen den eigentlichen Texten programmieren. Man kann jedoch das umständliche Abzählen der notwendigen bzw. gewünschten Leerstellen zwischen den Texten vermeiden, indem man auf das Schlüsselwort PRINT eine *Textliste* folgen läßt.

Es können mehrere kommentierende Texte in einer Zeile ausgegeben werden, indem man die Texte durch die bekannten Listentrennzeichen (Komma, Semikolon) voneinander trennt.

Die allgemeine Form zur Ausgabe von n festen Texten ist:

bzw.

> n **PRINT** "Text 1", "Text 2", ..., "Text x"
> n **PRINT** "Text 1"; "Text 2"; ...; "Text x"

Verwendet man als Listentrennzeichen ein *Komma*, so erfolgt die gleiche Feldaufteilung wie bei der Ausgabe von Zahlenwerten im Standard-Spaltenformat.

Wählt man als Listentrennzeichen Kommas, so werden die Texte in einer Zeile linksbündig in 15 Druckspalten große Felder ausgedruckt. Nach der Verwendung des fünften Druckbereiches wird zum ersten Druckbereich der nächsten Zeile übergegangen.

Beispiel:

Es soll der gleiche Textausdruck wie im obigen Beispiel erstellt werden. Dabei soll anstelle der Leertasten das Komma als Listentrennzeichen benutzt werden.

Die Ausgabeanweisung lautet dann:

10 PRINT "STUNDEN", "STD.LOHN", "LOHN"

Das Druckbild sieht dann wie im vorangegangenen Beispiel aus.

Sollten die Texte mehr als 15 Druckstellen erfordern, so werden dazwischenliegende Feldgrenzen nicht beachtet.

Beispiel:

Sollte in dem obigen Beispiel anstelle des Textes „Std.lohn" der ausführlichere Text „Stundenlohn in DM" ausgedruckt werden, so müßte die Ausgabeanweisung lauten:

10 PRINT "STUNDEN", "STUNDENLOHN IN DM", "LOHN"

Dabei steht

"STUNDEN" in Feld 1 (Druckposition 0 - 14)
"STUNDENLOHN IN DM" in Feld 2 und 3 (Druckposition 15 - 44)
"LOHN" in Feld 4 (Druckposition 45 - 59)

Verwendet man als Listentrennzeichen ein *Semikolon*, so werden die einzelnen Texte ohne Zwischenraum aneinandergereiht.

Beispiel:

Die Kommas in der vorangegangenen Ausgabeanweisung werden gegen Semikolons ausgetauscht. Die Ausgabeanweisung lautet dann:

10 PRINT "STUNDEN"; "STUNDENLOHN IN DM"; "LOHN"

Das Druckbild sieht dann folgendermaßen aus:

Druckposition	0 10 20 30
Druckzeile	STUNDENSTUNDENLOHN IN DMLOHN

Es wäre hier offensichtlich günstiger, den Ausdruck als **einen** Text aufzufassen und nicht mit Hilfe des Semikolons in **mehrere** Texte aufzuteilen. Man könnte dadurch Anführungszeichen und Semikolons in der Ausgabeanweisung einsparen.

11.4. Ausgabe von kommentierenden Texten und Daten

Texte und arithmetische Ausdrücke können in einer PRINT-Anweisung vermischt auftreten.

Die allgemeine Form zur Ausgabe von Texten und Daten ist:

$$\boxed{\begin{array}{l} n \text{ PRINT "Text 1", } a_1, \ldots, \text{ "Text x", } a_x \\ n \text{ PRINT "Text 1"; } a_1 ; \ldots ; \text{ "Text x"; } a_x \end{array}}$$

bzw.

Verwendet man als Listentrennzeichen ein *Komma*, so wird die Druckzeile in 5 Felder mit je 15 Druckstellen aufgeteilt.

Texte und Daten werden in der angegebenen Reihenfolge linksbündig in die Felder gedruckt.

Nach der Verwendung des fünften Feldes wird zum ersten Feld der nächsten Zeile übergegangen.

Verwendet man als Listentrennzeichen ein *Semikolon*, so werden Texte und Daten kompakt in einer Druckzeile ausgegeben.

Zwischen einem kommentierenden Text und einem darauf folgenden Wert wird nur eine Druckstelle als Zwischenraum frei gehalten.

Beispiel:

Nr.	Aufgabenstellung
1	Eine Ausgabeanweisung in einem Programm lautet: 100 PRINT "X=", X in dem ersten 15-spaltigen Feld einer Zeile wird der Text "X=" ausgegeben. in dem zweiten 15-spaltigen Feld der gleichen Zeile wird der Wert der Variablen X ausgegeben. Wenn der Variablen X der Wert 10.5 zugeordnet ist, ergibt sich folgendes Druckbild: 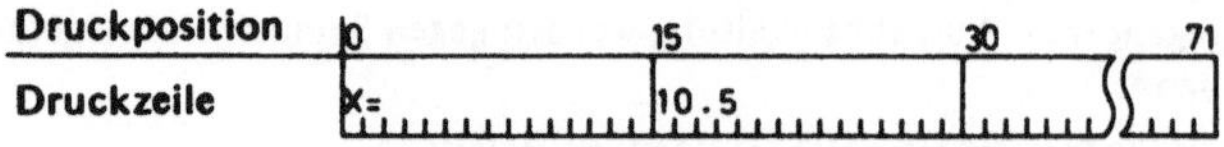 Druckposition: 0 ... 15 ... 30 ... 71 Druckzeile: X= ... 10.5
2	Wird in der obigen Ausgabeanweisung das Komma durch ein Semikolon ersetzt, so ergibt sich die Druckanweisung zu: 100 PRINT "X="; X und der Ausdruck zu: 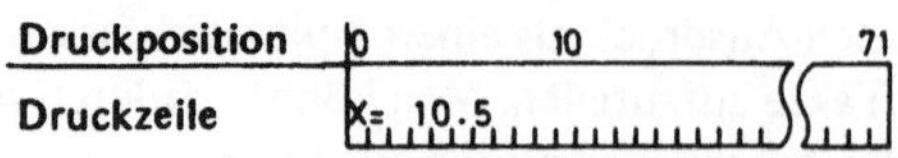 Druckposition: 0 ... 10 ... 71 Druckzeile: X= 10.5

Nr.	Aufgabenstellung

3	Eine Ausgabeanweisung in einem Programm lautet:
	
	    1∅∅ PRINT "ZINS", P, "PROZENT"
	
	Durch das Komma als Listentrennzeichen wird die Ausgabezeile wieder in 15-spaltige Felder aufgeteilt. Dabei enthält:
	    Feld 1: den Text "ZINS"
	    Feld 2: den Wert der Variablen P
	    Feld 3: den Text "PROZENT"

4	Eine Ausgabeanweisung in einem Programm lautet:
	
	    1∅∅ PRINT "DER SINUS VON", X, "GRAD IST", SIN (3.14 * X/18∅)
	
	Die Ausgabezeile wird mit Hilfe des Kommas als Listentrennzeichen in Felder zu je 15 Druckstellen eingeteilt. Dabei enthält:
	    Feld 1: den Text "Der Sinus von"
	    Feld 2: den Wert der Variablen X
	    Feld 3: den Text "Grad ist"
	    Feld 4: den Wert, der sich bei der Berechnung des arithmetischen Ausdrucks SIN (3.14 * X/18∅) ergibt.
	
	Die Tatsache, daß der arithmetische Ausdruck in der Ausgabeanweisung auftreten darf, ist sehr praktisch, denn man erspart sich das Schreiben von zwei Anweisungen wie
	
	    9∅ LET Y = SIN(3.14 * X/18∅)
	    1∅∅ PRINT "DER SINUS VON", X, "GRAD IST", Y
	
	Diese beiden Anweisungen bewirken das gleiche wie die obige Anweisung.

11.5. Zusammenfassung

Ausgabeanweisungen dienen dazu, Daten programmgesteuert auszugeben.

Daten werden mit Hilfe der PRINT-Anweisung folgendermaßen ausgegeben:

bzw.

$$n \ \text{PRINT} \ a_1, a_2, \ldots, a_x$$
$$n \ \text{PRINT} \ a_1; a_2; \ldots; a_x$$

Mit Hilfe des Schlüsselwortes PRINT wird der DVA mitgeteilt, daß Daten ausgegeben werden sollen.

Die arithmetischen Ausdrücke $a_1, \ldots, a_x$, deren Werte ausgegeben werden sollen, werden in einer Liste hinter dem Schlüsselwort PRINT aufgelistet.

Die Liste kann eine beliebige Anzahl von arithmetischen Ausdrücken enthalten.

Ihre Reihenfolge ist beliebig.

Sie werden durch Listentrennzeichen (Kommas, Semikolons) voneinander getrennt.

● Das Standard-Spaltenformat

— Die Trennung der Liste der arithmetischen Ausdrücke durch Kommas bewirkt,
   daß die Ausgabezeile in fünf Felder zu je fünfzehn Druckstellen unterteilt wird.
— Für jeden arithmetischen Ausdruck, dessen Wert ausgegeben werden soll, ist
   ein Feld vorgesehen.
— Die einzelnen Ausgabewerte werden der Reihe nach linksbündig in die jeweiligen
   Felder gedruckt.
— Wenn mehr als fünf Werte ausgegeben werden sollen, wird automatisch zu einer
   neuen Zeile übergegangen.
— Falls ein zu druckender Wert mehr als 15 Druckstellen benötigt, werden da-
   zwischenliegende Feldgrenzen nicht berücksichtigt.

● Das variable Spaltenformat

— Trennt man die arithmetischen Ausdrücke in der Liste der arithmetischen Ausdrücke durch ein Semikolon, so werden die Werte in einem variablen Spaltenformat ausgedruckt.
   Eine häufig benutzte Formatierung ist folgender Tabelle zu entnehmen:

Anzahl der Ziffern in der Zahl	Anzahl der Druck- stellen je Feld	Anzahl der Felder
1	3	24
2, 3, 4	6	12
5, 6, 7	9	8
8, 9, 1$\emptyset$	12	6
$\geqslant$11	15	5

— Für jeden arithmetischen Ausdruck, dessen Wert ausgegeben werden soll, ist
   ein Feld vorgesehen, dessen Feldlänge von der Anzahl der auszugebenden
   Ziffern abhängt.
— Die einzelnen Ausgabewerte werden der Reihe nach linksbündig in die jeweiligen Felder gedruckt.
— Wenn mehr Werte ausgegeben werden sollen, als Felder in der Zeile vorhanden
   sind, wird automatisch zu einer neuen Zeile übergegangen.

● Das Tabellenformat

— Die allgemeine Form der Ausgabeanweisung für Tabellen ist:

$$n \text{ PRINT TAB } (a_1), a_2, \text{TAB } (a_3), a_4, \ldots, \text{TAB } (a_{x-1}), a_x$$

bzw.

$$n \text{ PRINT TAB } (a_1); a_2; \text{TAB } (a_3); a_4; \ldots; \text{TAB } (a_{x-1}); a_x$$

— Mit Hilfe des Schlüsselwortes TAB wird der DVA mitgeteilt, daß eine tabellarische Ausgabe folgen soll.

— Der Wert des arithmetischen Ausdrucks a_{x-1} im Argument der Tabulatorfunktion (runde Klammer) gibt die Spaltenposition in der jeweiligen Druckzeile an, in der mit dem Drucken des gewünschten Wertes begonnen werden soll.

— Der gewünschte Wert ergibt sich aus dem arithmetischen Ausdruck a_x, der auf die Tabulatorfunktion folgt.

— Als Listentrennzeichen sind sowohl Kommas als auch Semikolons möglich.

Das Komma reserviert für den jeweiligen Ausgabewert ein Feld von 15 Spalten.

Das Semikolon reserviert für den jeweiligen Ausgabewert ein Feld, dessen Größe von der Anzahl der Ziffern des Wertes abhängt.

— In der Ausgabeanweisung für Tabellen dürfen auch arithmetische Ausdrücke ohne Tabulatorfunktion auftreten.

— Die Tabulatorfunktion wird unwirksam, wenn die im Argument der Tabulatorfunktion angegebene Druckposition kleiner als die augenblickliche, schon erreichte Druckposition ist.

Ist das Argument größer als 71, wird zu einer neuen Zeile übergegangen. Ist das Argument negativ, bleibt der Schreibkopf am linken Zeilenrand stehen.

● Der Zeilenvorschub

— Jede PRINT-Anweisung bewirkt, daß zum Drucken der Werte eine neue Zeile eingenommen wird.

— Wenn die auf das Schlüsselwort PRINT folgende Liste der arithmetischen Ausdrücke mit einem Listentrennzeichen (Komma, Semikolon) abschließt, wird eine *folgende* PRINT-Anweisung in der bisherigen Zeile weiterdrucken.

— Eine Leerzeile wird durch eine PRINT-Anweisung erzeugt, die keine Liste mit arithmetischen Ausdrücken enthält.

Die allgemeine Form zum Drucken einer Leerzeile ist somit:

> **n PRINT**

● Ausgabe von kommentierenden Texten

Kommentierende Texte können mit Hilfe der PRINT-Anweisung ausgegeben werden.

Die allgemeine Form zur Ausgabe von festen Texten ist:

> **n PRINT** "Text"

— Der Text darf aus beliebigen Zeichen des BASIC-Zeichenvorrats bestehen und ist in Anführungszeichen (" ") zu setzen.

— Leerstellen innerhalb eines durch Anführungszeichen gekennzeichneten Textes werden als „leere" Druckstellen gewertet, d. h. es wird kein βASIC-Zeichen ausgedruckt.

— Es können mehrere kommentierende Texte in einer Zeile ausgegeben werden, indem man die Texte durch die Listentrennzeichen (Komma, Semikolon) voneinander trennt.

Die allgemeine Form zur Ausgabe von x festen Texten ist:

	n **PRINT** "Text 1", "Text 2", ..., "Text x"
bzw.	n **PRINT** "Text 1"; "Text 2"; ...; "Text x"

Verwendet man als Listentrennzeichen ein Komma, so werden die Druckzeilen in 5 Felder mit je 15 Druckstellen aufgeteilt, in die die Texte der Reihe nach linksbündig ausgedruckt werden.

Nach Verwendung des letzten Feldes der Druckzeilen wird zum ersten Feld der nächsten Zeile übergegangen.

Verwendet man als Listentrennzeichen ein Semikolon, so werden die einzelnen Texte ohne Zwischenraum aneinandergereiht.

● Ausgabe von kommentierenden Texten und Daten

Texte und arithmetische Ausdrücke können in einer PRINT-Anweisung vermischt auftreten.

Die allgemeine Form zur Ausgabe von Texten und Daten ist:

	n **PRINT** "Text 1", a_1, ..., "Text x", a_x
bzw.	n **PRINT** "Text 1"; a_1; ...; "Text x"; a_x

Verwendet man als Listentrennzeichen ein Komma, so wird die Druckzeile in bekannter Form in 5 Felder mit je 15 Druckstellen aufgeteilt. Verwendet man als Listentrennzeichen ein Semikolon, so wird zwischen kommentierendem Text und einem darauf folgenden Wert nur eine Druckstelle als Zwischenraum frei gehalten.

11.6. Übungsaufgaben

Die Lösungen der folgenden Übungsaufgaben befinden sich in Kap. 14

Aufgabe 11.1

Geben Sie auf kariertem Papier das Druckbild folgender Ausgabeanweisungen in der angegebenen Reihenfolge an. Jedes Karo soll dabei eine mögliche Druckstelle symbolisieren.

```
1Ø PRINT "BEISPIELE FÜR AUSGABEANWEISUNGEN"
2Ø PRINT
3Ø PRINT
4Ø PRINT "X", "Y", "Z"
5Ø PRINT
6Ø PRINT 1234, 12345, 123456
7Ø PRINT 7; 1234; 12345;
8Ø PRINT 123456
9Ø PRINT
1ØØ PRINT "BETRAG:", 1ØØØ, "SUMME =", 1ØØ
11Ø PRINT "BETRAG:"; 1ØØØ; "SUMME ="; 1ØØ
12Ø PRINT "BETRAG:";
13Ø PRINT 1ØØØ;
14Ø PRINT "DM"
15Ø FOR I = 1 TO 5Ø
16Ø PRINT "X";
17Ø NEXT I
18Ø PRINT
19Ø PRINT 1, 2, TAB (5), 3
2ØØ PRINT 1; 2; TAB (5); 3
21Ø PRINT 1; 2; TAB (1Ø); 3
```

Aufgabe 11.2

Man schreibe eine Ausgabeanweisung, die folgenden Text druckt:

BASIC ist eine problemorientierte Programmiersprache

Aufgabe 11.3

Man schreibe einen Programmteil, der es erlaubt, folgende Tabelle auszugeben:

Druckposition	0	15	30
Zeile 1			
2	X GRAD	SIN(X)	COS(X)
3			
4	Ø	?	?
5	3Ø	?	?
6	6Ø	?	?
7	9Ø	?	?
8			

Die Werte für SIN X und COS X sind für die angegebenen Winkel mit Hilfe einer Programmschleife zu ermitteln. Sie sind an der Stelle auszudrucken, wo z. Z. noch ein Fragezeichen (?) steht.

Aufgabe 11.4

Man schreibe unter Benutzung der Tabulatorfunktion eine Programmschleife, die die Zahlen von 1 bis 18 folgendermaßen ausdruckt:

Druckposition	0	7	14	21	28	35	42
Zeile 1		1	2	3	4	5	6
2		7	8	9	10	11	12
3		13	14	15	16	17	18

12. Fehlerbehandlung

Ein Programm wird selten bei dem ersten Versuch fehlerfrei ablaufen. Dies gilt umsomehr, je umfangreicher und komplizierter die programmierten Probleme sind.

Es lassen sich folgende Fehlerarten unterscheiden:

- **Syntaxfehler**
- **Ablauffehler**
- **Logische Fehler**

12.1. Syntaxfehler

Die Syntax (grch.: Zusammensetzung) einer Sprache gibt die Regeln an, die bei der Bildung von Sätzen aus Wörtern zu beachten sind.

Die Programmier*sprache* BASIC besitzt ebenfalls eine Syntax. Die Regeln, die bei der Bildung von BASIC-Sätzen aus BASIC-Wörtern zu beachten sind, wurden in den vorangegangenen Kapiteln (6 bis 11) erläutert.

Ein Verstoß gegen die formalen Regeln der BASIC-Sprache führt zu einem Syntaxfehler (Formfehler).

Syntaxfehler entstehen bei der Programm*eingabe* durch

- Unkenntnis bzw. Nichtbeachtung der syntaktischen Regeln
  oder durch
- Tippfehler

Beispiel:

BASIC-Satz (-Anweisung) mit Syntaxfehler	BASIC-Satz (-Anweisung) ohne Syntaxfehler
1ØØ PINT X 2ØØ GO 5Ø PRINT X, Y, Z	1ØØ PRINT X 2ØØ GOTO 5Ø 5Ø PRINT X, Y, Z

Durch das Drücken einer Übergabetaste ("End of Text"-Taste, "End of Line"-Taste o. ä.) werden die einzelnen BASIC-Sätze in die DVA übergeben (vgl. 5.1). Sie werden hier sogleich auf Syntaxfehler überprüft.

Erkennt die DVA einen Syntaxfehler, so wird er sofort gemeldet.

Die Form der Fehlermeldung kann bei den verschiedenen Datenverarbeitungsanlagen
sehr unterschiedlich sein.

Bei einfachen Anlagen wird dem Programmierer meist nur der Hinweis auf einen Fehler
in Verbindung mit einem *Fehlercode* ausgegeben. Der Fehler selbst muß dann einer
Liste entnommen werden, in der alle Fehlercodes mit den ihnen zugeordneten Fehlern
aufgeführt sind.

Beispiel einer Fehlermeldung:

    ERROR 15

Der zugehörigen Fehlerliste könnte dann z. B. unter der Codezahl 15 entnommen werden, daß eine
„Klammer auf" in der vorangegangenen BASIC-Anweisung fehlt.

Komfortablere Datenverarbeitungsanlagen geben den Hinweis auf den Syntaxfehler
vielfach in direktverständlicher Form, d. h. in Worten, an.

Der Komfort bei der Fehlerbehandlung wird ab und zu noch weiter gesteigert, indem
der Text der Anweisung in einer neuen Zeile soweit ausgegeben wird, wie er richtig war.
Damit wird die Stelle des Fehlers eindeutig lokalisiert. Der Programmierer hat dann den
Rest der Anweisung in korrigierter Form einzugeben.

12.2. Ablauffehler

Ist ein Programm vollständig und ohne Syntaxfehler in die DVA eingegeben worden,
kann die Ausführung des Programms verlangt werden. Dazu muß eine entsprechende
Anweisung gegeben werden (RUN-Anweisung o. ä., vgl. 3.2.3).

Die DVA prüft daraufhin intern, ob alle Voraussetzungen für den Rechenlauf erfüllt
sind.

Sind nicht alle Voraussetzungen erfüllt, so beinhaltet das Programm noch Ablauffehler.

**Findet die DVA bei einer internen Prüfung vor der vollständigen Ausführung des
Programms einen Fehler, so handelt es sich um einen sog. Ablauffehler.**

Das Programm kann erst ablaufen, wenn der Ablauffehler korrigiert wurde.

Beispiel eines Ablauffehlers:

    5Ø GOTO 5ØØ

Diese Sprunganweisung soll bewirken, daß unmittelbar zur Anweisung mit der Anweisungsnummer
500 gesprungen wird.

Die Anweisung ist *formal* richtig. Ein Syntaxfehler kann nicht festgestellt werden. Die weitere Prüfung
der DVA vor dem Rechenlauf möge jedoch ergeben, daß im Programm keine Anweisung mit der
Anweisungsnummer 500 vorhanden ist. Das im Programm angegebene Sprungziel kann daher nicht
angesprungen werden. Der Programm*ablauf* ist unterbrochen. Dies führt zu einer entsprechenden
Ablauffehlermeldung.

Ablauffehler unterbrechen den Programmablauf. Die fehlerverursachende Anweisung
wird angegeben und eine Erläuterung zum Fehler ausgedruckt. Die Erläuterung wird je
nach DVA-Typ entweder mit Hilfe eines Fehlercodes oder direkt in verbaler Form ausgegeben.

12.3. Logische Fehler

Ist der Algorithmus eines Problems nicht richtig erkannt und programmiert, so enthält das Programm sog. logische Fehler.

Beispiel eines einfachen logischen Fehlers:

Ein Programmierer möchte das Produkt der Variablen A und B der Variablen X zuordnen und gibt der DVA die Anweisung:

    5∅ LET X = A + B

Diese Anweisung ist formal richtig aufgebaut. Ein Syntaxfehler kann nicht festgestellt werden.

Das Programm läuft auch ohne Ablauffehlermeldung bis zum Ende durch und druckt ein Ergebnis aus.

Der Programmierer stellt jedoch fest, daß das Ergebnis nicht richtig sein kann.

Dies kann nur an einem logischen Fehler im Programm liegen. Bei einer Überprüfung des Programms stellt er fest, daß er eigentlich die Anweisung

    5∅ LET X = A * B

schreiben wollte. Logische Fehler wie diese kann die DVA nicht entdecken und anzeigen.

Die DVA kann keine logischen Fehler entdecken und anzeigen.

Der Programmierer muß in diesem Fall das ganze Programm Schritt für Schritt prüfen, um den logischen Fehler zu finden. Dies ist bei umfangreichen Programmen sehr zeitaufwendig. Hier erweist es sich häufig als zweckmäßig, Ergebnisse von Zwischenrechnungen ausgeben zu lassen und diese auf ihre Richtigkeit hin zu überprüfen.

Dazu müssen in das Programm zusätzliche PRINT-Anweisungen eingefügt werden.

13. Vollständig programmierte Beispiele

Die Themen der einzelnen Programmbeispiele wurden bewußt aus unterschiedlichen Bereichen der Mathematik und Naturwissenschaft gewählt, um zu zeigen, daß die mathematisch-naturwissenschaftlich orientierte Programmiersprache BASIC universell einsetzbar ist. Der Schwierigkeitsgrad wurde dabei von Beispiel zu Beispiel langsam gesteigert. Für Anfänger empfiehlt es sich daher, die Programme systematisch vom ersten bis zum letzten Beispiel durchzuarbeiten. Der Aufbau der Programmbeispiele wird ihm dabei helfen.

Vom Leser wird nicht erwartet, daß er die vielfältigen Problembereiche, die in den Beispielen behandelt werden, kennt und beherrscht. Daher folgt auf jede Aufgabenstellung eine Problemformulierung, in der der Lösungsweg ausführlich und allgemein verständlich erarbeitet wird.

Leser, die sich auf den Standpunkt stellen, daß auch ohne genaue Kenntnis der Probleme programmiert werden kann, wenn der Algorithmus bekannt ist, können diesen Abschnitt auch überschlagen. Für sie wird in einer Zusammenfassung der jeweilige Lösungsalgorithmus angegeben.

Daraufhin werden die Programmablaufpläne dargestellt und kurz erläutert. Das zugehörige Programm folgt in Form eines Druckerprotokolls. Der Lösungsausdruck für beispielhaft angenommene Zahlenwerte schließt sich an. Einzelne Anweisungen des Programms werden abschließend, unter Angabe der Anweisungsnummern, kurz erläutert. Häufig wird dabei auch auf die zugehörigen Kapitel verwiesen.

13.1. Zinseszins- und Rentenrechnung

Aufgabenstellung

Im Geschäfts- und Privatleben wird man vielfach mit dem Problem konfrontiert, daß ein gewisses Kapital zinsbringend angelegt wird, welches man in festen Raten für eine gewisse Zeit spart (z. B. nach dem 624,– DM-Gesetz) oder von einem vorhandenen Kapital gleichbleibende Abhebungen vornimmt. Der Sparer wird im allgemeinen wissen wollen, auf welches Endkapital sein Anfangskapital nach einer gewissen Zeit bei einem vorgegebenen Zinssatz wächst bzw. fällt. Für diese Aufgabe ist ein möglichst universelles Programm zu erstellen.

Problemformulierung

Mit Hilfe der **Zinseszinsrechnung** kann ermittelt werden, auf welches Endkapital K_n ein Anfangskapital K innerhalb von n Jahren bei einem Zinssatz von $p\ \%$ anwächst, wenn die am Ende des Jahres fälligen Zinsen dem Kapital zugefügt und weiterhin mitverzinst werden.

Die Zinseszinsformel ergibt sich nach Leibnitz zu

$$K_n = K \cdot \left(1 + \frac{p}{100}\right)^n = K \cdot q^n.$$

Der Zinsfaktor $(1 + \frac{p}{100})$ wird vielfach auch mit q bezeichnet. **Fügt** man zum vorhandenen Kapital K außerdem noch jährlich am Jahresanfang eine Sparrate R **hinzu** oder **hebt** man jährlich einen gleichbleibenden Betrag R vom Kapital **ab**, so ist bei n Jahren und $p\ \%$ folgende **Rentenformel** anzuwenden:

$$K_n = K \cdot q^n \pm \frac{R \cdot q\,(q^n - 1)}{q - 1} \quad \text{mit } q = \left(1 + \frac{p}{100}\right)$$

Die Addition findet Anwendung, wenn jährlich Raten hinzugefügt werden, die Subtraktion hingegen, wenn jährlich gleichbleibende Abhebungen vorgenommen werden.

Zusammenfassung

Zu programmieren ist folgende Rentenformel:

$$K_n = K \cdot q^n \pm \frac{R \cdot q (q^n - 1)}{q - 1} \quad \text{mit } q = \left(1 + \frac{p}{100}\right)$$

Für den Rechenlauf sind beispielhaft folgende Aufgaben zu lösen:

1. Eine Großmutter gibt zur Taufe ihres Enkels DM 1 000,— auf ein Sparbuch und jährlich 100,— DM zum Geburtstag. Der Zinssatz beträgt 4 %. Wie groß ist das Endkapital am 20. Geburtstag.

2. Ein Geschäftsmann setzt sich mit 500 000,— DM zur Ruhe. Er legt dieses Geld langfristig zu 6 % an. Zum Lebensunterhalt benötigt er 60 000,— DM jährlich. Wie groß ist sein Vermögen nach 10 Jahren? Hätte er, ohne Schulden zu machen, auch 65 000,— DM abheben können?

Programmablaufplan

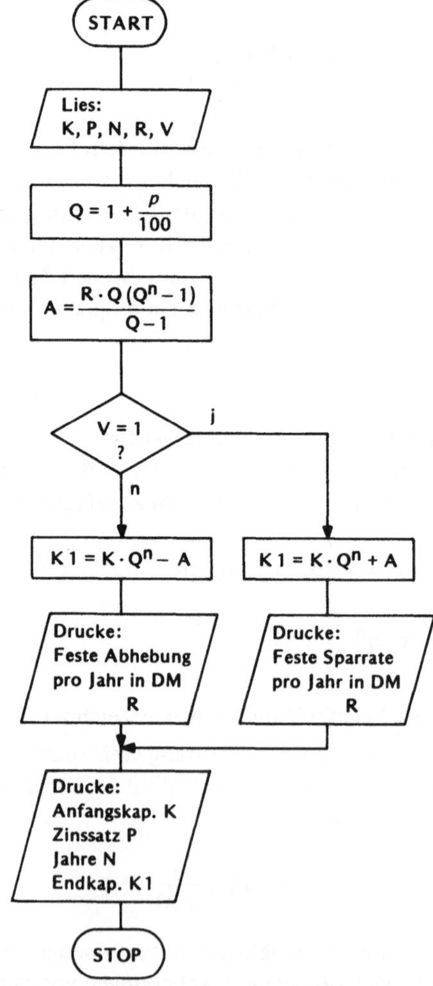

Erläuterungen zum Programmablaufplan

Im Programmablaufplan wird dargestellt, wie die mathematische Formel schrittweise aufgebaut wird. Je nachdem, ob im Programm feste Sparraten oder feste Abhebungen behandelt werden sollen, wird das Programm in Abhängigkeit vom Wert der Variablen V verzweigt. Ist V = 1, werden feste Sparraten behandelt. Für alle anderen Werte für V werden feste Abhebungen behandelt.

Programm- und Ergebnisausdruck

```
10  REMZINSESZINS UND RENTENRECHNUNG
20  REM
30  INPUT K,P,N,R,V
40  LET Q=1+P/100
50  LET A=(R*Q*(Q↑N-1))/(Q-1)
60  IF V=1 THEN 100
70  K1=K*Q↑N-A
80  PRINT "FESTE ABHEBUNG PRO JAHR IN DM";R
81  PRINT
82  PRINT
90  GOTO 120
100 K1=K*Q↑N+A
110 PRINT "FESTE SPARRATE PRO JAHR IN DM "R
111 PRINT
112 PRINT
120 PRINT "ANFANGSKAP. K ","ZINSSATZ P","JAHRE N","ENDKAP. K1"
130 PRINT
140 PRINT K,P,N,K1
150 END
```

```
FESTE SPARRATE PRO JAHR IN DM  100


ANFANGSKAP. K   ZINSSATZ P       JAHRE N        ENDKAP. K1

   1000            4               20              5288.043315




FESTE ABHEBUNG PRO JAHR IN DM 60000


ANFANGSKAP  K   ZINSSATZ P       JAHRE N        ENDKAP. K1

   500000          6               10              57125.28994




FESTE ABHEBUNG PRO JAHR IN DM 65000


ANFANGSKAP. K   ZINSSATZ P       JAHRE N        ENDKAP. K1

   500000          6               10              -12732.92326
```

Erläuterungen zum Programm

Anw. Nr.	Erläuterung
1$\emptyset$	Die Programmüberschrift wird mit Hilfe einer Kommentarvereinbarung formuliert (vgl. 5.3).
2$\emptyset$	Um die Programmüberschrift vom eigentlichen Programm abzuheben, wurde nach der Überschrift eine Kommentarvereinbarung ohne Kommentar eingefügt (vgl. 5.3).
3$\emptyset$	Eingabe von Daten mit Hilfe der INPUT-Anweisung (vgl. 10.3). Auf das Schlüsselwort INPUT folgt die Variablenliste mit der Variablen K für das Anfangskapital, P für den Zinssatz, N für die Zahl der Jahre, R für die jährliche Sparrate bzw. für die jährliche Abhebung und V für die Variable, mit der festgelegt wird, ob die Variable R eine jährliche Sparrate oder eine jährliche Abhebung darstellen soll. Die Variablen werden durch Kommata voneinander getrennt.
4$\emptyset$	Diese arithmetische Zuordnungsanweisung (vgl. Kap. 8) gibt den zu berechnenden Formelausdruck für den Zinsfaktor q an. Der arithmetische Ausdruck wird gemäß der Regel „Punktrechnung vor Strichrechnung" (vgl. Kap. 8.2) abgearbeitet, d. h. es wird zunächst P durch 100 dividiert und dann zu diesem Ergebnis 1 addiert.
5$\emptyset$	Diese arithmetische Zuordnungsanweisung gibt den zu berechnenden Formelausdruck für die verzinste jährliche Sparrate bzw. für die verzinste jährliche Abhebung an. Für die Potenzbildung wird bei der benutzten DVA das Sonderzeichen ↑ benutzt (vgl. Kap. 6.4).
6$\emptyset$	Diese Programmverzweigungsanweisung (vgl. Kap. 9.3) verzweigt zur Anweisungsnummer 1$\emptyset\emptyset$, wenn für die Variable V = 1 eingegeben wird. Ansonsten wird zum Befehl mit der nächsten Anweisungsnummer, d. h. zu Anweisungsnummer 7$\emptyset$ verzweigt. In den Befehlen mit den Anweisungsnummern 7$\emptyset$ bis 9$\emptyset$ wird der Programmteil mit den festen Abhebungen behandelt, in den Befehlen mit den Anweisungsnummern 1$\emptyset\emptyset$ bis 112 der Programmteil mit den festen Sparraten.
7$\emptyset$	Diese arithmetische Zuordnungsanweisung gibt den zu berechnenden Formelausdruck für das Endkapital bei Abhebungen an. Der in der Formel vorgesehene Variablenname K_n kann in BASIC allerdings nicht vergeben werden, da in BASIC das erste Zeichen ein Buchstabe und das zweite Zeichen eine Ziffer sein muß (vgl. 6.3.1). Weiterhin wurde hier auf das Schlüsselwort LET verzichtet, da die benutzte DVA dies zuläßt (vgl. 8.5).
8$\emptyset$	Die diesen Programmzweig kennzeichnende Größe ist die „feste Abhebung pro Jahr in DM". Dieser Wert wird zusammen mit dem erklärenden Text mit Hilfe der PRINT-Anweisung ausgedruckt. Der erklärende Text ist dabei in Anführungszeichen (" ") zu setzen (vgl. 11.3).
81 u. 82	Nach dem erklärenden Text sollen zwei Leerzeilen folgen. Man erhält sie mit Hilfe der beiden PRINT-Anweisungen, auf die nichts folgt (vgl. 11.2.2).
9$\emptyset$	Mit Hilfe dieser unbedingten Sprunganweisung (vgl. 9.1) wird zu dem Programmteil gesprungen, der wieder für beide Programmzweige gilt (Anweisung mit der Anweisungsnummer 12$\emptyset$).
1$\emptyset\emptyset$	Diese arithmetische Zuordnungsanweisung gibt den zu berechnenden Formelausdruck für das Endkapital bei festen Sparraten an. Es gilt hier, was schon für die Anweisung mit der Anweisungsnummer 7$\emptyset$ gesagt wurde.

Anw. Nr.	Erläuterung
11∅	Entspricht der Anweisung mit der Anweisungsnummer 8∅, jedoch für den diesen Programmzweig betreffenden Text.
111 u. 112	Entspricht den Anweisungen mit den Anweisungsnummern 81 und 82.
12∅	Mit Hilfe dieser PRINT-Anweisung wird für die Variablen K, P, N und K1 eine Zeile mit erklärenden Überschriften gebildet. Diese Texte werden durch Anführungszeichen eingeschlossen und durch Kommatas voneinander getrennt. So werden die Druckzeilen in 5 Felder mit je 15 Druckstellen aufgeteilt (vgl. 11.3).
13∅	Auf die Textzeile soll eine Leerzeile folgen. Man erhält sie mit Hilfe einer PRINT-Anweisung, auf die nichts folgt (vgl. 11.2.2).
14∅	Mit Hilfe dieser PRINT-Anweisung werden die Werte der Variablen im Standard-Spaltenformat ausgegeben (vgl. 11.2.1).
15∅	Diese Anweisung gibt das Programmende an. Sie besitzt die höchste vergebbare Anweisungsnummer.

13.2. Wechselkursberechnung

Aufgabenstellung

Die Wechselkursberechnung einer Bank soll auf Datenverarbeitung umgestellt werden. Dazu ist ein Programm zu schreiben. Zur schnellen Abwicklung am Schalter wird jedem Wechselkurs eine Kennummer zugeordnet. Mit Hilfe einer am Schalter vorhandenen Tastatur wird die Kennummer und der ausländische Währungsbetrag eingegeben. Auf einem Bildschirm oder einem Ausdruck soll der ausländische und der zugehörige deutsche Währungsbetrag angezeigt werden.

Es soll ein Programm erstellt werden, das die Möglichkeit bietet, folgende 6 fremden Währungen in die deutsche Währung umzurechnen.

Kenn-Nr.	Währung	DM-Kurs
1	1 Am. Dollar	2,667
2	1 Engl. Pfund	5,457
3	1 Schw. Franken	0,978
4	1 Franz. Franken	0,5838
5	1 Öst. Schilling	0,1416
6	1 Holl. Gulden	0,9743

Die angegebenen DM-Kurse hatten am 29.6.1975 Gültigkeit. Sie sind vor Geschäftsbeginn jeweils den neuen Gegebenheiten anzupassen.

Zusammenfassung

Beliebige Beträge der oben angegebenen ausländischen Währungen sollen zu den jeweiligen Tageskursen in die deutsche Währung umgerechnet werden.

Programmablaufplan

Bevor der Programmablaufplan gezeichnet wird, ist es empfehlenswert, sich Gedanken über sinnvolle Abkürzungen für längere Begriffe zu machen, die später im Programmablaufplan verwendet werden sollen. Dies erspart viel Schreibarbeit. Die Abkürzungen sollten dabei so gewählt werden, daß sie im Programm auch als Variablennamen dienen können. Für dieses Beispiel wurden folgende Abkürzungen gewählt:

Begriff	Abk. im Programmablaufplan	Variablenname im Programm
Kennummer der Währung	N	N
Kurswert der ausländischen Währungseinheit	K	K
Ausländischer Währungsbetrag	A	A
Deutscher Währungsbetrag	D	D

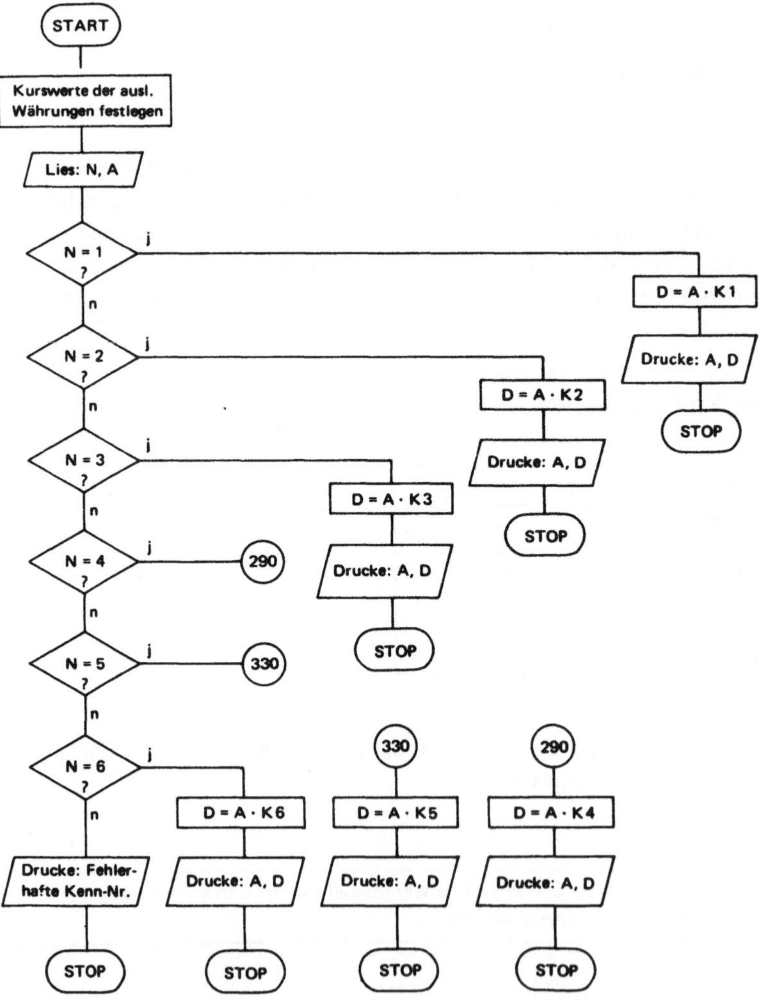

Erläuterungen zum Programmablaufplan

Wie der Programmablaufplan zeigt,
werden zunächst die Kurswerte der
ausländischen Währungseinheiten
festgelegt. Die Kurse liegen somit
festprogrammiert vor. Das Be-
dienungspersonal muß somit nur noch
die Kennummer der Währung N sowie
den ausländischen Währungsbetrag A
eingeben. Je nach Kennummer der Währung werden zur Berechnung des deutschen Währungsbetrages D die jeweiligen Verzweigungen durchlaufen. Der
deutsche Währungsbetrag ergibt sich
dann aus dem Produkt des ausländischen Währungsbetrages mit dem jeweiligen Kurswert. Anschließend wird der
ausländische und der deutsche Währungsbetrag ausgedruckt. Falls eine
nicht definierte Kennummer eingegeben
wird, erscheint der Ausdruck: Fehlerhafte Kenn-Nr..

Programm- und Ergebnisausdruck

```
10 REM WECHSELKURSBERECHNUNG
20 REM
30 LET K1=2.667
40 LET K2=5.457
50 LET K3=0.978
60 LET K4=0.584
70 LET K5=0.141
80 LET K6=0.974
90 INPUT N,A
100 IF N=1 THEN 170
110 IF N=2 THEN 210
120 IF N=3 THEN 250
130 IF N=4 THEN 290
140 IF N=5 THEN 330
150 IF N=6 THEN 370
160 PRINT "FEHLERHAFTE KENNUMMER"
165 END
170 LET D=A*K1
180 PRINT A,"AM.DOLLAR"
190 PRINT D,"DM"
200 END
210 LET D=A*K2
220 PRINT A,"ENGL.PFUND"
230 PRINT D,"DM"
240 END
250 LET D=A*K3
260 PRINT A,"SCHW.FRANKEN"
270 PRINT D,"DM"
280 END
290 LET D=A*K4
300 PRINT A,"FRANZ.FRANKEN"
310 PRINT D,"DM"
320 END
330 LET D=A*K5
340 PRINT A,"OEST.SCHILLING"
350 PRINT D,"DM"
360 END
370 LET D=A*K6
380 PRINT A,"HOLL.GULDEN"
390 PRINT D,"DM"
400 END

 100          AM.DOLLAR
 266.7        DM
 200          ENGL.PFUND
 1091.4       DM
 300          SCHW.FRANKEN
 293.4        DM
 400          FRANZ.FRANKEN
 233.6        DM
 500          OEST.SCHILLING
 70.5         DM
 600          HOLL.GULDEN
 584.4        DM
FEHLERHAFTE KENNUMMER
```

Erläuterungen zum Programm

Anw. Nr.	Erläuterung
2Ø bis 8Ø	Diese arithmetischen Zuordnungsanweisungen weisen den verschiedenen aus-ländischen Währungs*einheiten* den deutschen Kurswert zu. K1 gibt z. B. den Betrag in DM an, den man für einen am. Dollar bekommt. Die Ziffer 1 nach dem K (Kurs) stellt dabei die Kennziffer der Währung dar.
9Ø	Die Eingabe der Kennziffer N sowie die Eingabe des ausländischen Währungsbe-trages A erfolgt mit Hilfe der INPUT-Anweisung (vgl. 10.3). Sie ermöglicht es, daß die Eingabewerte noch nicht während der Programmierung festgelegt werden müssen, wie bei der READ-DATA-Anweisung, sondern daß sie erst später, im jeweiligen Anwendungsfall, eingegeben werden müssen.
1ØØ bis 15Ø	Diese Verzweigungsanweisungen (vgl. 9.3) verzweigen je nach Größe des einge-gebenen Wertes für die Kennummer N in verschiedene Programmzweige, in denen der deutsche Währungsbetrag aus dem ausländischen Währungsbetrag und dem jeweiligen Kurswert errechnet wird.
16Ø	Wird eine nicht definierte Kennummer eingegeben, wird der Text „Fehlerhafte Kennummer" ausgegeben.
17Ø 21Ø 25Ø 29Ø 33Ø 37Ø	In diesen arithmetischen Zuordnungsanweisungen wird der deutsche Währungs-betrag D aus dem ausländischen Währungsbetrag A und dem jeweiligen Kurs-wert K_n in den jeweiligen Programmzweigen berechnet.
18Ø 22Ø 26Ø 3ØØ 34Ø 38Ø	Der ausländische Währungsbetrag wird in einer Zeile zusammen mit dem Namen der zugehörigen Währung ausgegeben.
19Ø 23Ø 27Ø 31Ø 35Ø 39Ø	Der deutsche Währungsbetrag wird in der nächsten Zeile zusammen mit dem Text „DM" ausgegeben.

Der Ergenisausdruck zeigt beispielhaft den Fall, in dem nacheinander die Kennziffern 1, 2, 3, 4, 5, 6 und 7 für verschiedene ausländische Währungsbeträge eingegeben werden. Der Bankangestellte kann mit Hilfe des Programmes ohne Schwierigkeiten sofort ablesen, wieviel DM dem Kunden für seine Devisen auszuhändigen sind. Ferner wird der Bank-angestellte auf fehlerhafte Eingaben aufmerksam gemacht.

13.3. Statistik

Aufgabenstellung

Der Mittelwert aus einer Vielzahl von Werten sowie die Abweichung dieser Werte vom
Mittelwert spielt in vielen Fragen des täglichen Lebens eine große Rolle. Es soll daher ein
Programm erstellt werden, das in der Lage ist, aus einer Vielzahl von Werten

— den Mittelwert
— die Varianz (mittlere **quadratische** Abweichung vom Mittelwert)
— die Standardabweichung (positive **Quadrat**wurzel aus der Varianz) zu ermitteln.

Problemformulierung

Der **Mittelwert** $\bar{x}$ ergibt sich aus den Werten x_i für $i = 1, 2, \ldots, n$ durch Summierung
der Einzelwerte und anschließende Division durch die Anzahl der Werte, d. h. formel-
mäßig zu

$$\bar{x} = \frac{x_1 + x_2 + \ldots + x_n}{n} = \frac{\sum\limits_{i=1}^{n} x_i}{n}.$$

Das Zeichen $\sum\limits_{i=1}^{n}$ gibt in **Kurzform** an, daß die auf das Zeichen folgenden Werte von $i = 1$
bis n summiert werden sollen.

Die **Varianz** v ergibt sich mit Hilfe dieser Kurzschreibweise zu

$$v = \frac{\sum\limits_{i=1}^{n} (x_i - \bar{x})^2}{n - 1}$$

d. h. es wird zu allen Werten x_i die Differenz zum Mittelwert $\bar{x}$ gebildet und diese Differenz
quadriert, so daß nur positive Werte auftreten und diese summiert und durch Division
durch $(n - 1)$ gemittelt.

Die *Standardabweichung* s ergibt sich, indem man die positive Quadratwurzel aus der
Varianz bildet, d. h. die vorhergegangene Quadrierung bei der Bildung der Varianz wieder
zurücknimmt.

$$s = + \sqrt{v}.$$

Zusammenfassung

Folgende Formeln sind zu programmieren:

$$\bar{x} = \frac{\sum\limits_{i=1}^{n} x_i}{n} \qquad\qquad v = \frac{\sum\limits_{i=1}^{n} (x_i - \bar{x})^2}{n - 1} \qquad\qquad s = + \sqrt{v}$$

Für den Rechenlauf sei beispielhaft folgende Aufgabe zu lösen:

Bei der Kontrolle von zwei Abfüllmaschinen werden folgende Abfüllungen gemessen (in g):

Messung	1	2	3	4	5	6	7	8
Maschine A	979	1 009	1 052	947	1 042	949	1 033	989
Maschine B	994	983	1 011	1 009	985	1 012	1 009	997

Auf den Packungen wird als Füllmenge 1 000 g angegeben. Der Betriebsingenieur muß einschreiten, wenn die Füllmengen zu stark streuen (z. B. $s \geqslant 20$), da sonst berechtigte Reklamationen der Kunden zu befürchten sind. Es ist zu prüfen, ob beide Maschinen diese Anforderungen erfüllen.

Programmablaufplan

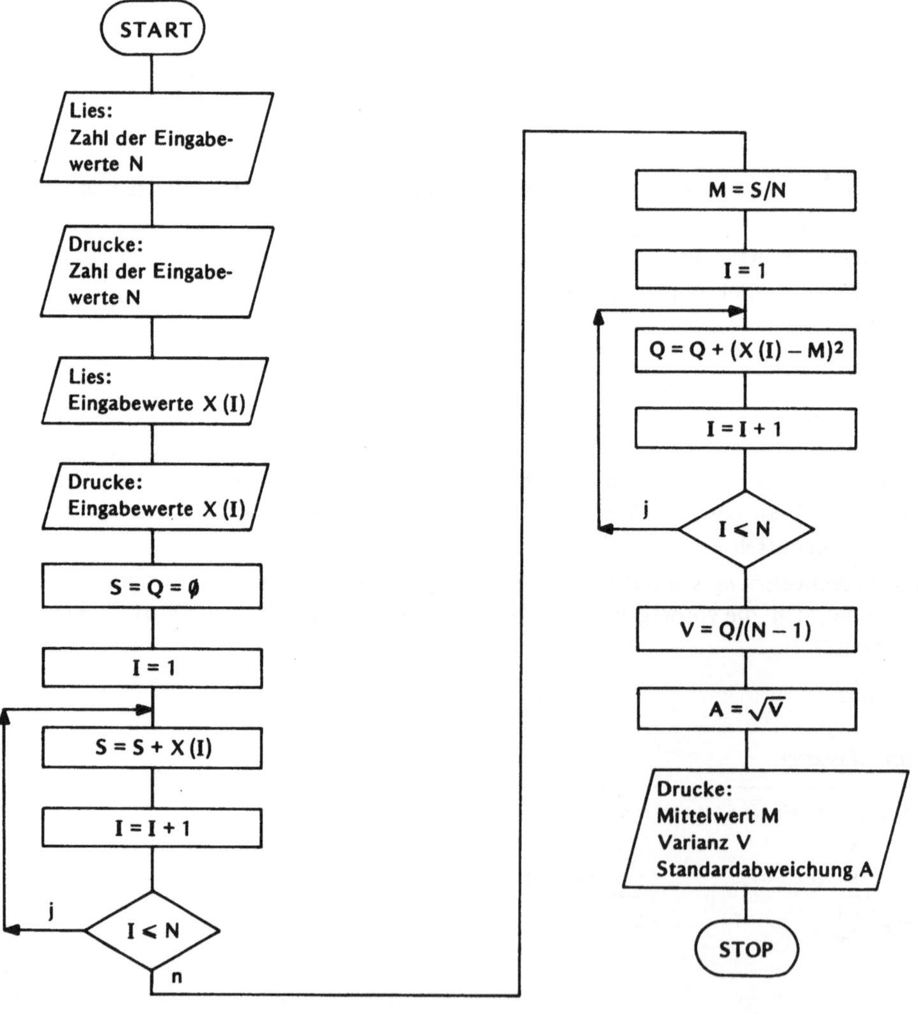

Erläuterungen zum Programmablaufplan:

Zunächst wird die **Zahl** der Eingabewerte eingelesen und zur Kontrolle und Dokumentation ausgedruckt.

Dann werden die Eingabewerte selbst nacheinander in Form eines eindimensionalen Feldes (vgl. Kap. 6.3.3) eingegeben und ebenfalls zur Kontrolle und Dokumentation nacheinander ausgedruckt.

Dann werden die Variablen S und Q Null gesetzt, damit Werte, die vorher möglicherweise in diesen Speicherzellen standen, die folgenden Rechnungen nicht verfälschen können.

Mit Hilfe einer Programmschleife werden alle Eingabewerte summiert. Durch Division mit der Zahl der Eingabewerte erhält man den Mittelwert M. Mit Hilfe einer weiteren Programmschleife werden die Abweichungen der Eingabewerte zum Mittelwert ermittelt $(X(I) - M)$, quadriert und aufsummiert. Die Varianz V ergibt sich daraus durch Division mit $(N - 1)$. Die Standardabweichung ergibt sich, indem man dann aus der Varianz die Quadratwurzel zieht.

Programm- und Ergebnisausdruck

```
10 REM STATISTIK
20 DIM X[100]
30 PRINT "ZAHL DER EINGABEWERTE"
31 INPUT N
35 PRINT N
36 PRINT
40 PRINT "EINGABEWERTE"
50 FOR I=1 TO N
60 INPUT X[I]
70 PRINT X[I];
80 NEXT I
90 LET S=Q=0
100 FOR I=1 TO N
110 LET S=S+X[I]
120 NEXT I
130 LET M=S/N
140 FOR I=1 TO N
150 LET Q=Q+(X[I]-M)*(X[I]-M)
160 NEXT I
170 LET V=Q/(N-1)
180 LET A=SQR(V)
185 PRINT
190 PRINT "MITTELWERT","VARIANZ","STANDARDABW."
200 PRINT M,V,A
210 END
```

```
ZAHL DER EINGABEWERTE              ZAHL DER EINGABEWERTE
 8                                  8

EINGABEWERTE                      EINGABEWERTE
 979                               994
 1009                              983
 1052                              1011
 947                               1009
 1042                              985
 949                               1012
 1033                              1009
 989                               997
MITTELWERT      VARIANZ           MITTELWERT      VARIANZ
 1000           1658.571429        1000           140.8571429

      STANDARDABW.                      STANDARDABW.
      40.72556235                       11.86832519
```

Erläuterungen zum Programmablaufplan

Anw. Nr.	Erläuterung
2$\emptyset$	Mit Hilfe der DIM-Vereinbarung werden 100 Speicherplätze für die Eingabewerte reserviert (vgl. Kap. 6.3.4). Falls mehr Eingabewerte eingegeben werden sollen, muß die DIM-Vereinbarung entsprechend geändert werden.
31	Mit Hilfe der INPUT-Anweisung wird die tatsächliche Zahl der Eingabewerte ($<$ 1$\emptyset\emptyset$) eingegeben. Sie wird später zur Bestimmung der Zahl der Schleifendurchläufe benötigt.
5$\emptyset$ bis 8$\emptyset$	Programmschleife zur Eingabe und zum darauffolgenden Ausdrucken der Eingabewerte X (I) (vgl. Kap. 9.4) in Form eines eindimensionalen Feldes.
9$\emptyset$	Mit Hilfe dieser arithmetischen Zuordnungsanweisung wird den Variablen S und Q der Anfangswert Null zugeordnet. Dies ist notwendig, da diese Variablen bei den Anweisungen mit den Anweisungsnummern 11$\emptyset$ und 15$\emptyset$ auch auf der rechten Seite der Zuordnungsanweisung stehen. Hier dürfen nur bekannte Größen stehen.
1$\emptyset\emptyset$ bis 12$\emptyset$	Schleife zur Summierung der Eingabewerte (vgl. 9.4).
13$\emptyset$	Berechnung des Mittelwertes.
14$\emptyset$ bis 16$\emptyset$	Schleife zur Summierung der quadrierten Abweichungen der Eingabewerte zum Mittelwert. Die Abweichung der Eingabewerte zum Mittelwert wird ausgedrückt durch (X (I) − M). Die Quadrierung wird hier durch Multiplikation mit dem gleichen Ausdruck vorgenommen.
17$\emptyset$	Berechnung der Varianz.
18$\emptyset$	Berechnung der Standardabweichung.
19$\emptyset$	Ausgabeanweisung von drei „kommentierenden" Texten in einer Zeile im Standard-Spaltenformat (vgl. 11.3). Sie dienen als Überschriften für die in der folgenden Zeile auszudruckenden Ergebnisse.
2$\emptyset\emptyset$	Ausgabe der Rechenergebnisse im Standard-Spaltenformat (vgl. 11.2.1).

13.4. Handelskalkulation

Aufgabenstellung

Dieses einfache Beispiel soll zeigen, daß auch Probleme des Handels mit Hilfe von BASIC einfach zu bewältigen sind.

Dem Händler werden beim Einkauf der Waren im allgem. gewisse **Rabatte** gewährt (z. B. Mengenrabatt) sowie Skonto eingeräumt. Andererseits hat er vielfach die **Bezugskosten** (z. B. Porto, Frachtgebühren, Rollgeld) zu tragen. Weiterhin entstehen ihm Unkosten z. B. für die Miete von Räumen, Licht, Heizung, Reinigung, Werbungskosten, Personalkosten usw. Diese Unkosten müssen von der Gesamtheit der Waren getragen werden und werden im allgemeinen in Form von **Handelsgemeinkosten** als Prozentsatz zur Summe des Wareneinsatzes angegeben. Außerdem möchte der Händler noch einen gewissen **Gewinn** machen. Es stellt sich nun für den Händler die Aufgabe, einen Verkaufspreis für seine Waren zu ermitteln, der alle Kosten deckt und ihm den gewünschten Gewinn sichert.

Teilweise ist der Verkaufspreis jedoch nicht frei zu gestalten (z. B. durch Preisbindung vom Hersteller oder durch Preise der Konkurrenz). Dem Händler stellt sich nun die Aufgabe, zu ermitteln, wie groß sein **Gewinn** und wie groß die **Handelsspanne** ist, wenn er von einem fest vorgegebenen Verkaufspreis ausgeht.

Zur Bearbeitung dieser Aufgaben soll ein Programm geschrieben werden, bei dem nur noch die jeweiligen Werte eingegeben werden müssen, um dem Händler die Antworten auf seine Frage zu geben.

Problemformulierung

Es sind folgende Rechnungen vorzunehmen:

P	Netto-Rechnungspreis des Lieferanten
− R	abzüglich Mengen- oder Sonderrabatt
− S	abzüglich Skonto
P2	= Einkaufspreis
+ B	zuzüglich Bezugskosten
P3	= Netto-Einstandspreis
+ K	zuzüglich Handelsgemeinkosten
P5	= Selbstkosten

Nettoverkaufspreis nicht fest (V ≠ 1)		Nettoverkaufspreis fest (V = 1)	
P5	Selbstkosten	P7	fest vorgegebener Netto-verkaufspreis
+ G	zuzüglich Gewinn		
P7	= Nettoverkaufspreis	$G = \dfrac{P7 - P5}{P5}$	Gewinn
+ M	zuzüglich Mehrwertsteuer		
P8	= Bruttoverkaufspreis	$H = \dfrac{P7 - P3}{P7}$	Handelsspanne

Das Programm soll beispielhaft durchgerechnet werden für folgende Werte:

P = 1 600 DM
R = 10 %
S = 2 %
B = 11,30 DM
K = 20 %

Nettoverkaufspreis nicht fest:

G = 10 %
M = 13 %

Nettoverkaufspreis fest:

P7 = 1 999,— DM

Programmablaufplan

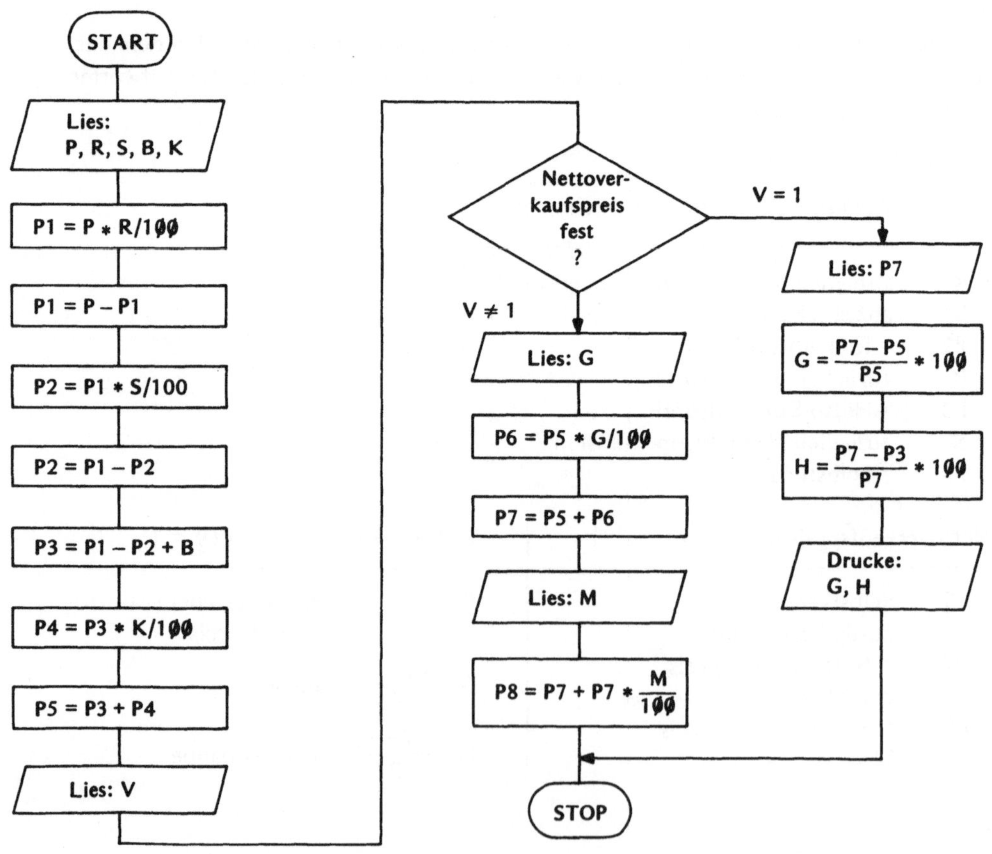

Erläuterungen zum Programmablaufplan

Es handelt sich im Prinzip um zwei Aufgaben (Nettoverkaufspreis fest bzw. Nettoverkaufspreis nicht fest). Diese beiden Aufgaben sind jedoch bis zur Berechnung der Selbst-
kosten gleich. Dies wird auch im Programmablaufplan sichtbar. Erst nach der Berechnung
von P5 verzweigt sich das Programm in Abhängigkeit von dem Wert, der für die Variable
V eingelesen wird. Möchte man von einem festen Nettoverkaufspreis ausgehen, so wird
für die Variable V der Wert „1" eingegeben. Soll sich der Nettoverkaufspreis nach dem
Gewinn richten, so ist ein Wert ungleich „1" einzugeben.

Programm- und Ergebnisausdruck

```
10 REM HANDELSKALKULATION
20 PRINT "RECHNUNGSPREIS DES LIEFERANTEN"
30 INPUT P
40 PRINT P;"DM"
50 PRINT "- RABATT IN  % "
60 INPUT R
70 LET P1=P*R/100
75 LET P1=P-P1
80 PRINT R,P1
90 PRINT "- SKONTO IN % "
100 INPUT S
110 LET P2=P1*S/100
120 PRINT S,P1-P2
130 PRINT "+BEZUGSKOSTEN IN DM "
140 INPUT B
150 LET P3=P1-P2+B
160 PRINT B,P3
170 PRINT "+ GEMEINKOSTEN IN DM "
180 INPUT K
190 LET P4=P3*K/100
195 LET P5=P3+P4
200 PRINT K,P5
210 PRINT
220 PRINT
230 PRINT "SELBSTKOSTEN",P5;"DM"
240 PRINT "NETTOVERKAUFSPREIS FEST ? "
250 PRINT "WENN JA=1;WENN NEIN=2"
255 INPUT V
260 IF V=1 THEN 380
270 PRINT "GEWUENSCHTER GEWINN IN % "
280 INPUT G
285 PRINT G
290 LET P6=P5*G/100
300 LET P7=P5+P6
310 PRINT "NETTOVERKAUFSPREIS",P7;"DM"
320 PRINT "MWST IN % "
330 INPUT M
340 PRINT M
350 LET P8=P7+P7*M/100
360 PRINT "BRUTTOVERKAUFSPREIS",P8;"DM"
370 GOTO 450
380 PRINT "GEWUENSCHTER NETTOVERKAUFSPREIS",
390 INPUT P7
400 PRINT P7;"DM"
410 LET G=(P7-P5)/P5*100
420 LET H=(P7-P3)/P7*100
430 PRINT "GEWINN",G;"%"
440 PRINT "HANDELSSPANNE",H;"%"
450 END
```

```
RECHNUNGSPREIS DES LIEFERANTEN
 1600     DM
- RABATT IN  %
 10             1440
- SKONTO IN %
 2              1411.2
+BEZUGSKOSTEN IN DM
 11.3           1422.5
+ GEMEINKOSTEN IN DM
 20             1707


SELBSTKOSTEN     1707    DM
NETTOVERKAUFSPREIS FEST ?
WENN JA=1;WENN NEIN=2
GEWUENSCHTER NETTOVERKAUFSPREIS
 1999    DM
GEWINN          17.10603398    %
HANDELSSPANNE   28.8394197     %




RECHNUNGSPREIS DES LIEFERANTEN
 1600     DM
- RABATT IN  %
 10             1440
- SKONTO IN %
 2              1411.2
+BEZUGSKOSTEN IN DM
 11.3           1422.5
+ GEMEINKOSTEN IN DM
 20             1707


SELBSTKOSTEN     1707    DM
NETTOVERKAUFSPREIS FEST ?
WENN JA=1;WENN NEIN=2
GEWUENSCHTER GEWINN IN %
 10
NETTOVERKAUFSPREIS                 1877.7  DM
MWST IN %
 13
BRUTTOVERKAUFSPREIS                2121.601   DM
```

Erläuterungen zum Programm

Anw. Nr.	Erläuterung
2∅	Mit Hilfe dieser PRINT-Anweisung wird der Text „Rechnungspreis des Lieferanten" ausgedruckt.
3∅	Bei der Bearbeitung dieser INPUT-Anweisung wird während des Rechenlaufes ein Fragezeichen auf dem Drucker bzw. dem Sichtschirm ausgegeben. Die DVA erwartet die Eingabe eines Wertes für die Variable P. Durch den vorher gedruckten Text (Anweisung mit der Anweisungsnummer 2∅) weiß der Programmbenutzer, daß er den „Rechnungspreis des Lieferanten" angeben soll.
4∅	Mit Hilfe dieser PRINT-Anweisung wird der vorher eingegebene Wert für die Variable P, versehen mit dem Text „DM", ausgedruckt.
5∅	Ausdruck des Textes „-Rabatt in %".
6∅	Die DVA erwartet mit Hilfe dieses Befehles die Angabe eines Zahlenwertes für die Variable R (Rabatt in %).
7∅	Berechnung des Rabatts in DM bei gegebenem Rechnungspreis P.
75	Berechnung des Rechnungspreises abzüglich Rabatt.
8∅	Ausdruck des Rabatts in % und des Rechnungspreises abzüglich Rabatt im Standard-Spaltenformat.
11∅	Berechnung des Skontobetrages in DM.
12∅	Ausdruck des Skonto in % und des Rechnungspreises abzüglich Rabatt *und* Skonto im Standard-Spaltenformat. Die notwendige Rechnung wird hier, im Unterschied zur Anweisung mit der Anweisungsnummer 75, nicht mit Hilfe einer LET-Anweisung vorgenommen, sondern sogleich in der PRINT-Anweisung (vgl. Kap. 11.1). Es wird hierdurch demonstriert, daß beide Wege zum gleichen Ergebnis führen.
15∅	Berechnung des Preises abzüglich Rabatt und Skonto zuzüglich der Bezugskosten. Die Variable P1 gibt dabei den Wert des Preises abzüglich des Rabatts an.
19∅	Berechnung der Handelsgemeinkosten.
195	Berechnung der Selbstkosten.
24∅	Ausdrucken des Textes „Nettoverkaufspreis fest?".
25∅	Für den Benutzer des Programms wird mit Hilfe dieser PRINT-Anweisung angegeben, welchen Zahlenwert er nachfolgend eingeben soll. Wenn der Nettoverkaufspreis fest ist, soll er eine „1" eingeben, falls nicht, eine „2" (Streng genommen könnte jede Zahl außer „1" anstelle der „2" eingegeben werden, ohne daß sich etwas am Programmablauf ändert. Für den Benutzer ist es jedoch meist einfacher, wenn man ihm nicht allzuviel Alternativen läßt und ihn an einen Weg gewöhnt).
255	Wenn diese INPUT-Anweisung im Rechenlauf bearbeitet wird, muß der entsprechende Wert für die Variable V eingegeben werden. Dies sollte je nach Aufgabenstellung eine „1" oder eine „2" sein (siehe Anweisung mit der Anweisungsnummer 25∅).
26∅	Mit Hilfe dieser Programmverzweigungsanweisung wird zur Anweisung mit der Anweisungsnummer 38∅ verzweigt, wenn für die Variable V vorher der Wert „1" eingegeben wurde. Wurde jedoch ein anderer Wert als „1" eingegeben (z. B. „2"), so setzt das Programm mit der nächst folgenden Anweisung, d. h. mit der Anweisung der Anweisungsnummer 27∅, fort.

Anw. Nr.	Erläuterung
27Ø bis 37Ø	Mit Hilfe dieser Anweisungen wird der Programmteil bearbeitet, bei dem der Nettoverkaufspreis nicht fest ist. Der gewünschte Gewinn G kann frei gewählt werden (27Ø bis 285). In der Anweisung mit der Anweisungsnummer 29Ø wird aus dem prozentualen Gewinn G der gewünschte Gewinn P6 in DM errechnet. Der Nettoverkaufspreis ergibt sich aus der Anweisung mit der Anweisungsnummer 3ØØ. Der Bruttoverkaufspreis ergibt sich durch Einbeziehung der Mehrwertsteuer (32Ø bis 36Ø). Mit Hilfe des Sprungbefehls (Anw. Nr. 37Ø) wird zur Anweisung mit der Anweisungsnummer 45Ø gesprungen, die das Programm beendet.
38Ø bis 44Ø	Mit Hilfe dieser Anweisungen wird der Programmteil bearbeitet, bei dem der Nettoverkaufspreis fest ist. Der Nettopreis wird eingegeben (39Ø) und anschließend zur Dokumentation ausgedruckt (4ØØ). Dann wird daraus der Gewinn (41Ø) und die Handelsspanne (42Ø) ermittelt. Die Ergebnisse werden anschließend ausgedruckt (43Ø, 44Ø).

13.5. Risikolebensversicherung

Aufgabe

Eine Versicherung möchte wissen, welcher Gewinn aus den einzelnen Risikolebensversicherungsverträgen im Mittel zu erwarten ist. Beispielhaft sei für diese Fragestellung folgender Fall zu lösen: Ein 50-jähriger Mann zahlt für eine Risikolebensversicherung, die sich über eine Summe von 10 000,— DM beläuft, 100,— DM Jahresprämie (zweiter Rechenlauf 50,— DM). Aus Erfahrungswerten sei bekannt, daß die Sterbewahrscheinlichkeit für einen 50-jährigen Mann während eines Jahres gleich 0,008 ist. Wie groß ist der im Mittel erzielte Gewinn bzw. Verlust aus vielen gleichartigen Verträgen?

Problemformulierung

Mit Hilfe der Wahrscheinlichkeitslehre ließe sich zeigen, daß sich der Erwartungswert (Mittelwert) wie folgt ergibt:

$$E(X) = \sum_{i=1}^{n} x_i P(X = x_i)$$

x_i stellt dabei eine diskrete Zufallsvariable dar. In diesem Falle kann sie im 1. Rechenlauf zufällig den Wert + 100 (Gewinn der Versicherungsgesellschaft im Überlebensfall oder − 9 900 (Verlust der Versicherungsgesellschaft im Todesfall) betragen.

$P(X = x_i)$ gibt die Wahrscheinlichkeit an, mit der die einzelnen Werte der Zufallsvariablen auftreten.

$\sum_{i=1}^{n}$ gibt an, daß der auf dieses symbolische Zeichen folgende Ausdruck zu summieren ist, und daß der Index i von 1 bis n läuft.

Zusammenfassung

Es ist folgende Formel zu programmieren:

$$E(X) = \sum_{i=1}^{n} x_i P(X = x_i)$$

Der Rechenlauf soll beispielhaft mit folgenden Werten vorgenommen werden:

Rechenlauf Nr.		Überlebensfall	Todesfall
1	x_i	+ 100	− 9 900
	$P(X = x_i)$	0,992	0,008
2	x_i	+ 50	− 9 950
	$P(X = x_i)$	0,992	0,008

Programmablaufplan

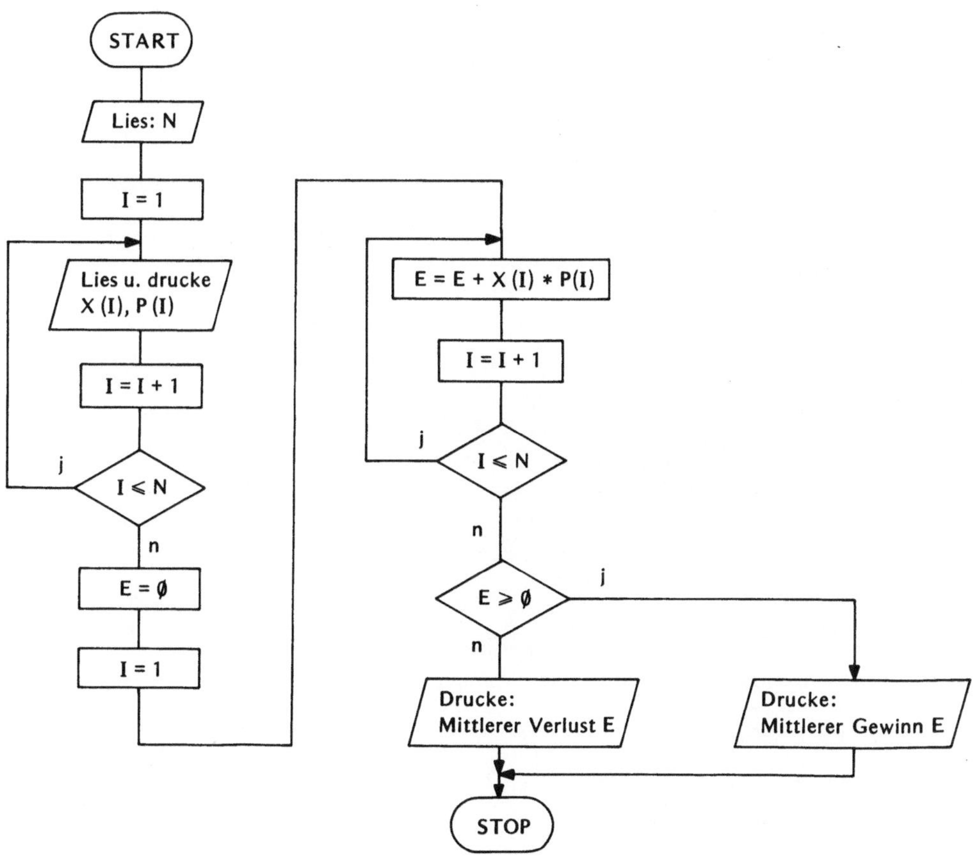

Programm- und Ergebnisausdruck

```
10 REM LEBENSVERSICHERUNG
20 REM
30 DIM X[20]
40 PRINT "N=";
50 INPUT N
60 PRINT N
70 PRINT
80 PRINT "X(I)","P(X=X(I))"
90 FOR I=1 TO N
100 INPUT X[I],P[I]
110 PRINT X[I],P[I]
120 NEXT I
125 E=0
130 FOR I=1 TO N
140 E=E+X[I]*P[I]
150 NEXT I
160 IF E >= 0 THEN 190
170 PRINT "MITTLERER VERLUST =";E;"DM"
180 GOTO 200
190 PRINT "MITTLERER GEWINN =";E;"DM"
200 END
```

```
N=
 2

X(I)            P(X=X(I))
 100            0.992
-9900           8.00000E-03
MITTLERER GEWINN = 20    DM


N=
 2

X(I)            P(X=X(I))
 50             0.992
-9950           8.00000E-03
MITTLERER VERLUST =-30    DM
```

Erläuterungen zum Programm

Anw. Nr.	Erläuterung
3Ø	Das Programm soll zur Berechnung von Erwartungswerten universell einsetzbar sein. Die Werte der diskreten Zufallsvariablen x_i sowie der zugehörigen Wahrscheinlichkeit $P(X = x_i) = P_i$ sollen dabei in Listenform eingegeben werden. Für diese Werte müssen entsprechend viele Speicherplätze bereitgestellt werden. Dazu dient die DIM-Vereinbarung (vgl. Kap. 6.3.4). In diesem Programmbeispiel wurde angenommen, daß max. 20 Werte von x_i auftreten. Für P_i wurde kein Feld vereinbart. BASIC reserviert in diesem Fall von sich aus eine bestimmte Zahl von Speicherplätzen zur Aufnahme der Werte von P_i (vgl. Kap. 6.3.4). Da die Listen von x_i und P_i gleich lang sind, ist die unterschiedliche Vereinbarung der Feldlängen nicht sinnvoll. Dieses Beispiel soll aber demonstrieren, daß es aber auch nicht falsch ist, solange die Zahl der standardmäßig reservierten Speicherplätze nicht überschritten wird.
4Ø	Drucken des Textes „N =".
5Ø	N gibt die Zahl der Werte von x_i und P_i an. Diese Zahl soll an dieser Stelle des Programms eingegeben werden.
6Ø	Ausdrucken des vorher eingegebenen Wertes von N zur Dokumentation.
7Ø	Drucken einer Leerzeile.
8Ø	Drucken des Textes „$X(I)$" und „$P(X = X(I))$" im Standardspaltenformat.
9Ø bis 12Ø	Programmschleife zur Eingabe und anschließendem Ausdrucken der Werte der Variablen $X(I)$ und $P(I)$ (vgl. Kap. 9.4). Es werden nacheinander die Werte für $X(1), P(1), X(2), P(2)$ usw. eingegeben. Diese Werte werden in Tabellenform im Standardspaltenformat ausgegeben.
125	Der Summenwert des Erwartungswertes wird am Anfang Null gesetzt, damit Werte, die möglicherweise vorher in der Speicherzelle standen, das Ergebnis nicht verfälschen können (vgl. 9.4).
13Ø bis 15Ø	Programmschleife zur Ausführung der Summation nach der Formel $$\sum_{i=1}^{n} x_i P_i$$
16Ø	Ist der Erwartungswert größer als Null, dann stellt dies für die Versicherung einen Gewinn dar. Daher wird zur Anweisung mit der Anweisungsnummer 19Ø verzweigt (vgl. Kap. 9.3). Wird der Erwartungswert Null, so wird dieser Fall auch in diesem Programmteil behandelt.
17Ø	Ist der Erwartungswert kleiner als Null, dann wird das Programm zu dieser Anweisung verzweigt, in der der mittlere Verlust E der Versicherungsgesellschaft in DM ausgedruckt wird.
18Ø	Da das Programm mit der Ausführung der Anweisung mit der Anweisungsnummer 17Ø in diesem Zweig abgeschlossen ist, muß zum Programmende, d. h. zur Anweisung mit der Anweisungsnummer 2ØØ gesprungen werden.
19Ø	Ausdruck des mittleren Gewinns E der Versicherungsgesellschaft in DM.

13.6. Heilwahrscheinlichkeit von Medikamenten

Aufgabenstellung

Der Hersteller eines Medikamentes gibt an, daß die Heilwahrscheinlichkeit eines Medikamentes für eine bestimmte Krankheit für einen einzelnen Patienten gleich 0,9 ist. Ein Arzt verabreicht dieses Medikament z. B. 10 Patienten. Mit welcher Wahrscheinlichkeit darf der behandelnde Arzt rechnen, daß z. B. mindestens 9 von 10 Patienten mit Hilfe des Medikamentes geheilt werden?

Problemformulierung

Die Wahrscheinlichkeit der Heilung ist für einen Patienten $p = 0,9$. Die Wahrscheinlichkeit des nicht Gesundens ist demnach $q = (1 - p) = 0,1$. Die Wahrscheinlichkeit, daß z. B. mindestens 9 von 10 Patienten mit Hilfe des Medikamentes gesunden, setzt sich aus den Wahrscheinlichkeiten zusammen, daß

- **entweder genau** 9 Patienten geheilt werden **und genau** 1 Patient nicht geheilt wird.

- **oder genau** 10 Patienten geheilt werden **und genau** 0 Patienten nicht geheilt werden.

Dem Arzt ist es bei dieser Fragestellung zunächst gleichgültig, **welche** Patienten geheilt bzw. nicht geheilt werden. Er möchte in diesem Fall nur wissen, wie groß die Wahrscheinlichkeit dafür ist, daß eine **bestimmte Anzahl** von Patienten geheilt bzw. nicht geheilt werden. Somit ist die Zahl der jeweils möglichen **Kombinationen**, die für die oben angeführten gesuchten Wahrscheinlichkeiten günstig ist, mit der Wahrscheinlichkeit zu multiplizieren.

Zusammenfassung

Die vorher genannte Problematik läßt sich allgemein durch den binomischen Satz für die konstanten Wahrscheinlichkeiten p und q wie folgt ausdrücken:

$$P = \sum_{i = K}^{n} \binom{n}{i} p^i q^{n-i}$$

Die Gesamtwahrscheinlichkeit ergibt sich demnach aus einer Summierung von mehreren Ausdrücken.

Dieser Summenausdruck wird durch das Zeichen Σ symbolisiert. Der unter dem Summenzeichen vermerkte Index i läuft vom Wert K bis zum Wert n, der über dem Summenzeichen steht. Der Ausdruck $\binom{n}{i} p^i q^{n-i}$ gibt die Wahrscheinlichkeit dafür an, daß genau i Patienten geheilt und (n − i) Patienten nicht geheilt werden. Der Faktor $\binom{n}{i}$ gibt dabei die Zahl der für die gesuchte Wahrscheinlichkeit günstigen Kombinationen an. Dabei ist $\binom{n}{i}$ ebenfalls eine Kurzschreibweise für

$$\binom{n}{i} = \frac{n!}{i! \, (n - i)!}$$

Unter n! versteht man das Produkt aus $1 . 2 . 3 \ldots . n$.

Für die in der Aufgabe beispielhaft angegebenen Zahlenwerte ist somit folgende Rechnung durchzuführen:

$$P = \sum_{i=9}^{10} \binom{10}{i} p^i q^{n-i} = \binom{10}{9} 0{,}9^9 \cdot 0{,}1^1 + \binom{10}{10} \cdot 0{,}9^{10} \cdot 0{,}1^0.$$

Die Aufgabe besteht darin, ein Programm für die angegebene allgemeine Form zur Berechnung der Wahrscheinlichkeit zu entwickeln, um ähnliche Probleme ohne Änderung des Programms zu lösen.

Programmablaufplan

Sinn des Programmablaufplanes ist u. a., das logische Konzept eines Programmes übersichtlich darzustellen. Bei umfangreichen Beispielen würde die erste Übersicht leiden, wenn der Programmablaufplan zu detailliert wäre. Daher empfiehlt es sich in solchen Fällen, zunächst einen gröberen Programmablaufplan zu erstellen. Spezielle Probleme des Grobplanes werden, falls nötig, ergänzend in einem detaillierten Programmablaufplan behandelt. Diese Möglichkeit wird in diesem Beispiel aufgezeigt.

Nach Eingabe der Parameterwerte für K, N und P werden diese Werte sofort zur Dokumentation ausgedruckt. Eine Ausgabe an anderer Stelle des Programmes ist nicht zu empfehlen, da der Wert K während des Programmablaufs verändert wird. Zur Berechnung des Ausdrucks $\binom{N}{K} = \frac{N!}{K! \, (N-K)!}$ wird zunächst der Wert für $M = N - K$ errechnet.

Anschließend werden die Fakultäten N!, K! und M! ermittelt. Dieser Vorgang wird im nebenstehenden detaillierten Programmablaufplan exemplarisch für N! gezeigt. Nach der Berechnung der genannten Fakultäten kann der Ausdruck $\binom{N}{K} P^K (1 - P)^M$ berechnet werden. Dies ist das erste Glied des gewünschten Summenausdrucks. Das nächste Glied der Summe gewinnt man, indem man den Index K um 1 erhöht und mit diesem Wert den Ausdruck $\binom{N}{K} P^K (1 - P)^M$ erneut berechnet. Dieser Vorgang wird solange wiederholt, bis der Index K den Wert N erreicht. Das Ergebnis der Summierung wird ausgedruckt.

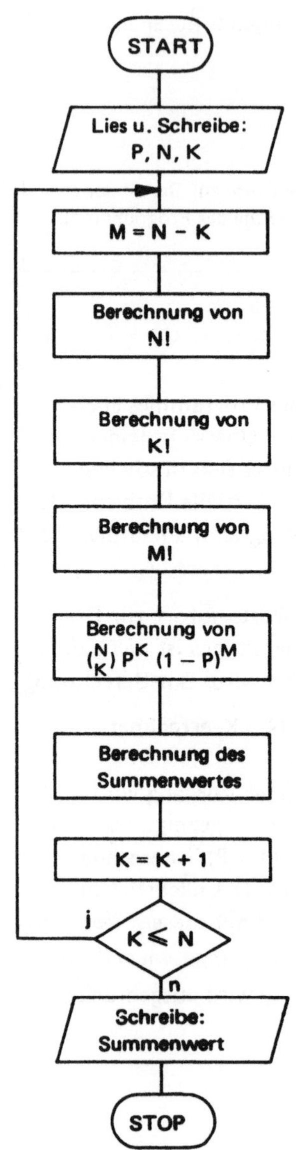

START
Lies u. Schreibe:
P, N, K
M = N − K
Berechnung von
N!
Berechnung von
K!
Berechnung von
M!
Berechnung von
$\binom{N}{K} P^K (1-P)^M$
Berechnung des
Summenwertes
K = K + 1
j
K ≤ N
n
Schreibe:
Summenwert
STOP

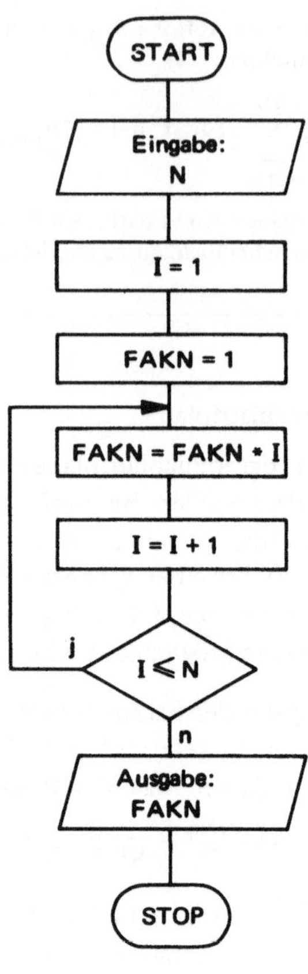

START
Eingabe:
N
I = 1
FAKN = 1
FAKN = FAKN * I
I = I + 1
j
I ≤ N
n
Ausgabe:
FAKN
STOP

Programm- und Ergebnisausdruck

```
10  REM HEILWAHRSCHEINLICHKEIT
20  REM
30  PRINT "K="
40  INPUT K
45  PRINT K
50  PRINT "N="
60  INPUT N
65  PRINT N
70  PRINT "P="
80  INPUT P1
85  PRINT P1
90  P3=0
100 M=N-K
110 F1=F2=F3=1
120 FOR X=1 TO N
130 F1=F1*X
140 NEXT X
150 FOR Y=1 TO K
160 F2=F2*Y
170 NEXT Y
180 FOR Z=1 TO M
190 F3=F3*Z
200 NEXT Z
210 P2=(F1/F2/F3)*(P1↑K)*((1-P1)↑M)
220 P3=P3+P2
230 K=K+1
240 IF K <= N THEN 100
250 PRINT
260 PRINT "HEILUNGSWAHRSCHEINLICHKEIT P=";P3
270 END
```

```
K=
 45
N=
 50
P=
 0.9

HEILUNGSWAHRSCHEINLICHKEIT P= 0.616123006
```

```
K=
 9
N=
 10
P=
 0.9

HEILUNGSWAHRSCHEINLICHKEIT P= 0.736098929
```

Erläuterungen zum Programm

Der Programmablaufplan müßte eigentlich aus einer äußeren Schleife und drei inneren
Schleifen bestehen. Dadurch würde der Programmablaufplan, wie schon geschildert, für
einen ersten Überblick zu unübersichtlich werden. Die äußere Schleife zur Berechnung
des Summenwertes der Heilwahrscheinlichkeit wurde daher im linken Programmablaufplan dargestellt und im Programm durch eine Programmverzweigungsanweisung realisiert (vgl. 9.3).
Für die drei inneren Schleifen zur Berechnung der Fakultäten (N!, K!, M!) wurde rechts
von diesem Programmablaufplan *beispielhaft* ein weiterer Programmablaufplan zur Berechnung von N! angegeben. Die Berechnung von K! und M! erfolgt entsprechend. Diese
inneren Schleifen werden mit Hilfe von Schleifenanweisungen (9.4) realisiert.

Anw. Nr.	Erläuterung
12$\emptyset$ bis 14$\emptyset$	Die Schleife zur Berechnung von N! (FAK N) beginnt mit dem Schlüsselwort FOR (Anw. Nr. 12$\emptyset$) und endet mit dem Schlüsselwort NEXT (Anw. Nr. 14$\emptyset$). Die mehrfach auszuführende Anweisung ist die arithmetische Zuordnungsanweisung F 1 = F 1 * X. Die Variable X durchläuft dabei die Werte von X = 1 bis X = N mit der Schrittweite 1 (keine Angabe von STEP). Nach Abschluß aller N Schleifendurchläufe beinhaltet die Variable F 1 den Wert der Fakultät N (FAKN). Wird die Schleife das erste mal durchlaufen, müssen alle Glieder der rechten Seite der arithmetischen Zuordnungsanweisung F 1 = F 1 * X bekannt sein. Da die Laufvariable X in der Schleifenanweisung direkt durch Werte spezifiziert wird, muß nur noch ein Wert für die Variable F 1 vorgegeben werden. Dies geschieht mit Hilfe der Mehrfachzuweisung 110 (vgl. 8.5).
15$\emptyset$ bis 17$\emptyset$	Schleife zur Berechnung von K! (FAKK). Sie verläuft in gleicher Weise wie die vorangegangene Berechnung von N!. Nach Abschluß aller K-Schleifendurchläufe beinhaltet die Variable F 2 den Wert der Fakultät K (FAKK).
18$\emptyset$ bis 20$\emptyset$	Schleife zur Berechnung von M! (FAKM) in gleicher Weise wie in den vorangegangenen Berechnungen von N! und K!. Nach M Schleifendurchläufen beinhaltet die Variable F 3 den Wert der Fakultät M (FAKM).
21$\emptyset$	Berechnung der Heilwahrscheinlichkeit für die z. Z. geltenden Werte von N!, K! und M! mit Hilfe des Ausdrucks $\binom{N}{K} P 1^{K} (1 - P1)^{M}$. Das Ergebnis wird der Variablen P2 zugeordnet. P1 ist dabei die Heilwahrscheinlichkeit des Medikamentes für einen einzelnen Patienten.
22$\emptyset$	Diese arithmetische Zuordnungsanweisung dient dazu, die Summierung der einzelnen Heilwahrscheinlichkeiten in den Schleifendurchläufen (äußere Schleife) vorzunehmen. Für den ersten Durchlauf des Programms wurde der Anfangswert von P3 mit Hilfe der arithmetischen Zuordnungsanweisung LET P3 = $\emptyset$ (Anw. Nr. 9$\emptyset$) festgelegt.
23$\emptyset$	Erhöhung des Wertes der Schleifenvariablen K der äußeren Schleife um 1.
24$\emptyset$	Die Programmverzweigungsanweisung bewirkt einen Rücksprung zur Anweisung mit der Anweisungsnummer 100, solange K kleiner oder gleich N ist. Dies führt zu entsprechend vielen Schleifendurchläufen. Durch eine Änderung des Wertes von K ändern sich in dem sich anschließenden Schleifendurchlauf auch die Werte der Variablen M, F 1, F 2, F 3, P 2 und P3. Wenn der Wert der Variablen K schließlich größer als N wird, kann das Ergebnis der Summierung, der Wert der Variablen P3, ausgedruckt werden. Dies ist der Wert der resultierenden Heilungswahrscheinlichkeit.

Der Ergebnisausdruck besitzt die in den Anweisungen 3∅, 45, 5∅, 65, 7∅, 85 und 26∅ spezifizierte Form. Beispielhaft wurden hier in zwei Rechenläufen berechnet, wie groß die Heilungswahrscheinlichkeit von mindestens 45 von 5∅ bzw. 9 von 1∅ Patienten ist, wenn die Heilwahrscheinlichkeit des Medikamentes für einen einzelnen Patienten 0,9 ist.

13.7. Bremswegberechnung

Aufgabenstellung

Der Fahrer eines Autos kennt nur die Geschwindigkeit und das Bremsvermögen seines eigenen Fahrzeuges. Er sollte sich daher in seiner Fahrweise so einrichten, daß sein Bremsweg kleiner oder höchstens gleich dem Abstand zu einem vorherfahrenden Fahrzeug ist. Auf diese Weise können Auffahrunfälle vermieden werden. Zur Verdeutlichung, wie stark der Bremsweg mit steigender Geschwindigkeit wächst, soll der Bremsweg eines Autos als Funktion der Geschwindigkeit in Form einer Tabelle dargestellt werden. Der Bremsweg soll dazu in Schritten von 10 km/h für den Geschwindigkeitsbereich von 0 bis 200 km/h berechnet werden. Als Bremsverzögerung des Autos auf trockener Straße wird $b = 5$ m/s² angenommen.

Problemformulierung

Aus der Bewegungslehre sind für gleichmäßig beschleunigte Bewegungen folgende Gleichungen bekannt:

$$s_B = \frac{1}{2} bt^2 \tag{1}$$

$$v = b \cdot t \tag{2}$$

Gleichung (1) gibt den Bremsweg s_B als Funktion der Bremsverzögerung b und der Bremszeit t an. Die Bremszeit ist jedoch nicht bekannt. Sie kann mit Hilfe der Gleichung (2) aus Geschwindigkeit v und Bremsverzögerung b wie folgt ermittelt werden:

$$t = \frac{v}{b}$$

Setzt man diese Zeit in Gleichung (1) ein, so ergibt sich der Bremsweg aus den dem Fahrer bekannten Größen v und b zu

$$s_B = \frac{v^2}{2b}$$

Zusammenfassung

Der Bremsweg eines Autos ergibt sich aus der Beziehung

$$s_B = \frac{v^2}{2b}$$

Diese allgemeine Beziehung ist zu programmieren. Eingabewerte sind in diesem Falle $b = 5$ m/s²; $v = 0$ bis 200 km/h mit der Schrittweite von 10 km/h.

Programmablaufplan

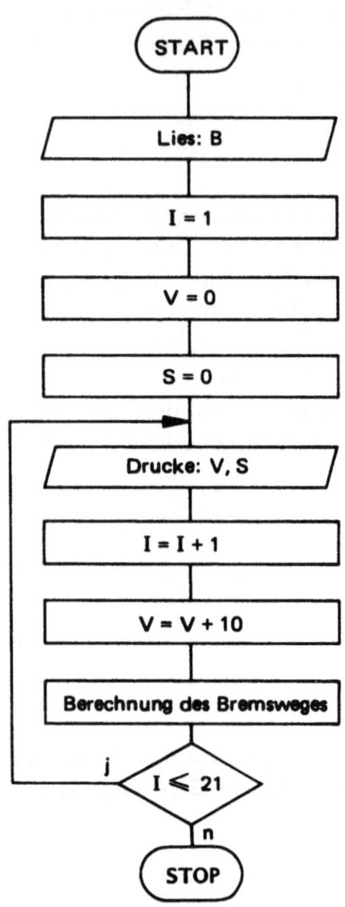

Erläuterungen zu dem Programmablaufplan

Zunächst wird die Bremsverzögerung (Abk.: B) eingegeben. Die gewünschten Geschwindigkeitswerte (Abk.: V) werden hingegen im Programm mithilfe einer Schleife erzeugt. Mit diesen Werten kann anschließend der Bremsweg (Abk.: S) berechnet werden.

Wie in den Schleifen der vorangegangenen Beispiele sind auch hier vor Schleifenbeginn Anfangswerte zu setzen. Der Schleifenzähler (Abk.: I) wird am Anfang auf Eins, die Geschwindigkeit und der Bremsweg auf Null gesetzt. Damit die auszugebende Tabelle mit den Anfangswerten beginnt, folgt eine Ausgabe dieser Werte. Daraufhin kann der Schleifenzähler um 1 und die Geschwindigkeit entsprechend der Aufgabenstellung um 10 erhöht werden. Für diese Geschwindigkeit wird anschließend der Bremsweg berechnet. Solange der Wert des Schleifenzählers kleiner oder gleich 21 ist, werden die neu er-

rechneten Werte der Geschwindigkeit und des zugehörigen Bremsweges ausgegeben und
ein neuer Rechenzyklus beginnt. Sobald der Wert des Schleifenzählers größer als 21 ist,
wird die Berechnung abgebrochen, da nur Geschwindigkeiten bis zu 200 km/h betrachtet
werden sollen.

Programm- und Ergebnisausdruck

```
10 REM BREMSWEGBERECHNUNG
20 REM
30 INPUT B
33 PRINT "BREMSVERZOEGERUNG B=";B;"M/S↑2"
36 PRINT
40 PRINT "GESCHW. KM/H","BREMSWEG IN M"
50 LET V=S=0
60 LET I=1
70 PRINT V,S
80 LET I=I+1
90 LET V=V+10
100 LET S=((V/3.6)↑2)/2/B
110 IF I <= 21 THEN 70
120 END
```

```
BREMSVERZOEGERUNG B= 5    M/S↑2
```

```
GESCHW. KM/H    BREMSWEG IN M
 0              0
 10             0.771604938
 20             3.086419753
 30             6.944444444
 40             12.34567901
 50             19.29012346
 60             27.77777778
 70             37.80864198
 80             49.38271605
 90             62.5
 100            77.16049383
 110            93.36419753
 120            111.1111111
 130            130.4012346
 140            151.2345679
 150            173.6111111
 160            197.5308642
 170            222.9938272
 180            250
 190            278.5493827
 200            308.6419753
```

Erläuterungen zu dem Programm

Anw. Nr.	Erläuterung
5∅	Mehrfachzuweisung für die Variablen V und S am Anfang der Schleife.
6∅	Schleifenvariable I am Anfang der Schleife
7∅	Ausgabeanweisung für die Variablen V und S. Die Werte, die diese Variablen annehmen, sollen für die Schleifendurchläufe in Form einer Tabelle ausgedruckt werden. Hier wurde die einfachste Möglichkeit, das Standard-Spaltenformat (Komma als Listentrennzeichen), gewählt.
8∅	Erhöhung des Wertes der Schleifenvariablen I um 1.
9∅	Erhöhung des Wertes der Geschwindigkeit V um 1∅.
1∅∅	Der Bremsweg wird mithilfe dieser arithmetischen Zuordnungsanweisung berechnet. Da die Geschwindigkeit in km/h eingegeben wird, der Bremsweg jedoch in m angegeben werden soll, muß die Geschwindigkeit in m/s umgerechnet werden. Den Umrechnungsfaktor erhält man wie folgt: $$\frac{km}{h} = \frac{1000\ m}{3600\ s} = \frac{1\ m}{3,6\ s}$$
11∅	Diese Programmverzweigungsanweisung bricht die Schleifendurchläufe ab, wenn eine Geschwindigkeit von 200 km/h erreicht ist.

Der Ergebnisausdruck zeigt die in den Anweisungen 33, 36, 40 und 7∅ spezifizierte Form. Die Rechnung zeigt, daß die Regel „Bremswegabstand gleich Tachoanzeige" eigentlich nur bei 130 km/h gilt. Wendet man diese Regel für Geschwindigkeiten unter 130 km/h an, so liegt man auf der sicheren Seite. Für Geschwindigkeiten über 130 km/h wird die Anwendung dieser Faustregel jedoch kritisch.

13.8. Bremswegkurve

Aufgabenstellung

Für die vorangegangene Bremswegberechnung (Aufgabe 13.7) sollen die berechneten Werte neben der Tabelle grafisch in Form einer Kurve dargestellt werden.

Die Problemformulierung und der Programmablaufplan kann im wesentlichen aus der vorangegangenen Aufgabe übernommen werden.

Programm- und Ergebnisausdruck

```
10 REM BREMSWEGKURVE
20 REM
30 INPUT B
40 PRINT "BREMSVERZOEGERUNG B=";B;"M/S↑2"
50 PRINT
60 PRINT "V KM/H  S IN M  0.........100.......200.......300...    S'
63 PRINT "                        ."
66 PRINT "                        ."
70 LET V=S=0
80 LET I=1
90 LET I=I+1
100 LET V=V+30
110 LET S=((V/3.6)↑2)/2/B
115 LET S=INT(S+0.5)
120 PRINT V;TAB(8);S;TAB(16+S/10);0
123 PRINT "                ."
126 PRINT "                ."
130 IF I <= 7 THEN 90
140 PRINT
150 PRINT "                   V"
160 END
```

```
BREMSVERZOEGERUNG B= 5    M/S↑2

V KM/H  S IN M  0.........100.......200.......300...    S
                        .
                        .
 30       7     0
                        .
                        .
 60      28       0
                        .
                        .
 90      63          0
                        .
                        .
120     111              0
                        .
                        .
150     174                  0
                        .
                        .
180     250                      0
                        .
                        .
210     340                          0
                        .
                        .
                        .
                      V
```

Erläuterungen zum Programm

Anw.Nr.	Erläuterung
1∅ bis 5∅	Diese Anweisungen entsprechen den Anweisungen der vorangegangenen Aufgabe.
6∅	Mit Hilfe dieser Anweisung werden die Überschriften für die Tabelle (V in km/h und S in m) sowie die S-Koordinate (abhängige Veränderliche der Funktion S = f(V)!) ausgedruckt. Bei der Wahl der Länge der Tabellenüberschrift ist zu berücksichtigen, daß die Zahlenwerte im variablen Spaltenformat ausgedruckt werden sollen, um zusätzlich Platz für die grafische Darstellung zu gewinnen. Die S-Koordinate beginnt mit dem Nullpunkt. Jeder folgende Punkt steht symbolisch für eine Länge von 10 m. Die Werte 100, 200 und 300 m wurden direkt ausgedruckt. Dabei gibt die erste Ziffer die genaue örtliche Lage der jeweiligen Länge an. Der Ausdruck wird abgeschlossen mit dem Buchstaben S, der die Koordinate kennzeichnet.
63 und 66	Diese beiden Ausgabeanweisungen drucken zwei Punkte für die V-Koordinate (unabhängige Veränderliche der Funktion S = f(V)!). Jeder Punkt steht symbolisch für eine Geschwindigkeit von 10 km/h. Werte wurden bewußt nicht in der V-Koordinate ausgedruckt, da diese Werte Felder beanspruchen würden, die mit der Druckposition für Kurvenpunkte zusammenfallen können.
7∅ bis 9∅	Diese Anweisungen entsprechen wieder den Anweisungen der vorangegangenen Aufgabe (Anw.Nr. 5∅, 6∅, 8∅).
1∅∅	Die Geschwindigkeiten wurden hier, im Gegensatz zur vorangegangenen Aufgabe (Anw.Nr. 9∅), in Schritten von 30 km/h erhöht, um die grafische Darstellung nicht mit zuviel Kurvenpunkten zu versehen.
11∅	Diese Anweisung entspricht wieder der Anweisung der vorangegangenen Aufgabe (Anw.Nr. 1∅∅).
115	Wie der Ausdruck in der vorangegangenen Aufgabe zeigt, wurde der Bremsweg S auf 7 Stellen hinter dem Komma angegeben. Dies ist nicht erforderlich. Um Platz für die grafische Darstellung zu gewinnen, wurden die Werte von S mit Hilfe dieser Anweisung auf- bzw. abgerundet (vgl. 6.5).
12∅	Mit Hilfe dieser Ausgabeanweisung werden die Tabellenwerte für die Variablen V und S sowie der zugehörige Kurvenpunkt ausgedruckt. Die Tabulatorfunktion TAB (8) schreibt vor, daß der Wert der Variablen S stets nach 8 Druckstellen vom linken Rand entfernt ausgedruckt wird. Zum Ausdruck des Kurvenpunktes muß der Schreibkopf mit Hilfe der Tabulatorfunktion richtig positioniert werden. Ausgangspunkt ist dabei die V-Koordinate (16 Druckstellen vom linken Rand). Diese Druckposition muß noch um den Wert des jeweiligen Bremsweges erhöht werden. Da der Bremsweg in dem angegebenen Geschwindigkeitsbereich Werte von ca. 300 m annimmt und somit 300 Druckstellen erfordern würde, obwohl nur max. 72 Druckstellen zur Verfügung stehen, wurde die Geschwindigkeit zur Angabe der Druckposition durch den Faktor 1∅ dividiert. Bei dem Ausdruck der S-Koordinate (Anw.Nr. 60) wurde dieser Faktor schon berücksichtigt (jeder Punkt entspricht 10 m!). Nach der Positionierung des Schreibkopfes kann der Kurvenpunkt gedruckt werden. Dazu wurde hier die Zahl Null gewählt. Verbindet man die Mittelpunkte der Nullen, so erhält man den gewünschten Kurvenzug.

Anw.Nr.	Erläuterung
123 und 126	Diese beiden Ausgabeanweisungen drucken wieder zwei Punkte für die V-Koordinate. Sie markieren jeweils 10 km/h-Schritte. Da die Geschwindigkeit in der Rechnung um jeweils 30 km/h erhöht wird, sind diese Punkte erforderlich.
13Ø	Da die Geschwindigkeit in 30 km/h-Schritten erhöht wird (Anw.Nr. 1ØØ), sind nur noch 6 Schleifendurchläufe erforderlich, um ca. 200 km/h zu erreichen.
150 und 160	Diese Anweisungen dienen zur Kennzeichnung der V-Koordinate.

Der Ergebnisausdruck zeigt die gewünschte Form.

Dieses Beispiel zeigt, daß mit wenig Zusatzaufwand neben einer Tabelle gleichzeitig der Kurvenzug ausgegeben werden kann.

13.9. Einkommen- bzw. Lohnsteuerberechnung

Aufgabenstellung

Das Geld, das der Staat zur Bewältigung seiner Aufgaben braucht, erhält er zum Teil dadurch, daß er von den „Einnahmen", die jeder Bürger während eines Jahres aus den verschiedensten Tätigkeitsbereichen (z. B. als Arbeitnehmer, als Unternehmer, als Vermieter usw.) erzielt, einen Teil für sich beansprucht. Die Abrechnung erfolgt mit Hilfe der jährlichen Steuererklärung. Um die zu zahlenden Steuern selbst berechnen zu können, soll ein Programm aufgestellt werden. Zur Vereinfachung des umfangreichen Gebietes soll hier jedoch nur von einem besonders häufig vorkommenden Personenkreis, den verheirateten Arbeitnehmern, ausgegangen werden, die zusätzlich noch Einkünfte bzw. Verluste aus Vermietung und Verpachtung und aus Kapitalvermögen haben können. Abzuziehen sind jeweils die Werbungskosten, besondere Freibeträge, Sonderausgaben und außergewöhnliche Belastungen, wie es das Einkommenssteuerrecht vorsieht. Aus dem sich daraus ergebenden zu versteuernden Einkommen soll die zu zahlende Steuer ermittelt werden. Das Finanzamt bedient sich hier einer umfangreichen, mehrere Seiten umfassende Tabelle. Ihre Programmierung wäre sehr aufwendig und der Lerneffekt gering. Aus diesem Grund soll zur Vereinfachung

1. das zu versteuernde Einkommen maximal bis 75 000,— DM berücksichtigt werden und

2. die Steuertabelle (Splittingtabelle für verheiratete Arbeitnehmer) des Jahres 1979 nur aus 15 Wertepaaren bestehen. Für zwischen diesen Wertepaaren liegende Einkommen wird die Steuer durch Interpolation zwischen den benachbarten Wertepaaren ermittelt. Die Steuer wird somit nicht exakt ermittelt, sondern nur näherungsweise (max. ca. ± 15 DM Abweichung).

Ist die Steuer ermittelt, muß diese mit den einbehaltenen Lohnabzugsbeträgen verglichen werden und es ergibt sich eine verbleibende Steuerschuld oder ein Steuerguthaben.

Problemformulierung

Zur Ermittlung des zu versteuernden Einkommens sind folgende Rechnungen durchzuführen:

Einkünfte aus nicht selbständiger Arbeit	Ehemann	Ehefrau
Bruttoarbeitslohn — Weihnachts-, Arbeitn. — Freibetrag — Werbungskosten (mindestens Pauschbetrag)	$E1$ $-F1$ $-W1$	$E2$ $-F2$ $-W2$
Einkünfte	$E3$	$E4$
Insgesamt	$E5 = E3 + E4$	
Einkünfte aus Kapitalvermögen		
Einnahmen — Werbungskosten (mindestens Pauschbetrag) — Sparerfreibetrag	$E6$ $-W3$ $-F3$	
Einkünfte	$E7$	
Einkünfte aus Vermietung und Verpachtung Einkünfte	$E8$	
Gesamtbetrag der Einkünfte — abzugsfähige Sonderausgaben (mindestens Pauschbetrag) — außergewöhnliche Belastungen	$E9 = E5 + E7 + E8$ $-S$ $-B$	
zu versteuerndes Einkommen	E	

Die angegebenen Variablen werden auch im Programm als Variablennamen benutzt. Für diese Variablen sind vor Benutzung des Programms die individuellen Werte zu ermitteln.

Die Steuertabelle 1979 für verheiratete Arbeitnehmer (Splittingtabelle) wird näherungsweise durch folgende Wertepaare ersetzt:

Nr.	Einkommen X in DM	Steuer Y in DM
1	6 689	12
2	10 019	738
3	14 999	1 834
4	20 009	2 942
5	25 019	4 038
6	29 999	5 134
7	35 009	6 522
8	40 019	8 186
9	44 999	9 962
10	49 979	11 838
11	55 019	13 830
12	59 999	15 884
13	64 979	18 012
14	70 019	20 207
15	74 999	22 480

Die Steuer von Einkommen, die nicht direkt in der Tabelle vorkommen, werden durch
Interpolation ermittelt. Dazu wird der zum Einkommen gehörende Steuerwert so ermittelt, als würde er auf einer Geraden zwischen den benachbarten Wertepaaren liegen.

Bezeichnet man die benachbarten Einkommen eines Einkommenswertes X mit X1 und
X2, so ergibt sich die Steuer Y des Einkommens X aus den zu X1 und X2 gehörenden
Steuern Y1 und Y2 zu

$$Y = \frac{Y2 - Y1}{X2 - X1}(X - X1) + Y1$$

Das Steuerguthaben bzw. die verbleibende Steuerschuld ergibt sich dann aus der Differenz
zwischen der ermittelten Einkommenssteuer Y und den einbehaltenen Lohnabzugsbeträgen L.

Programmablaufplan

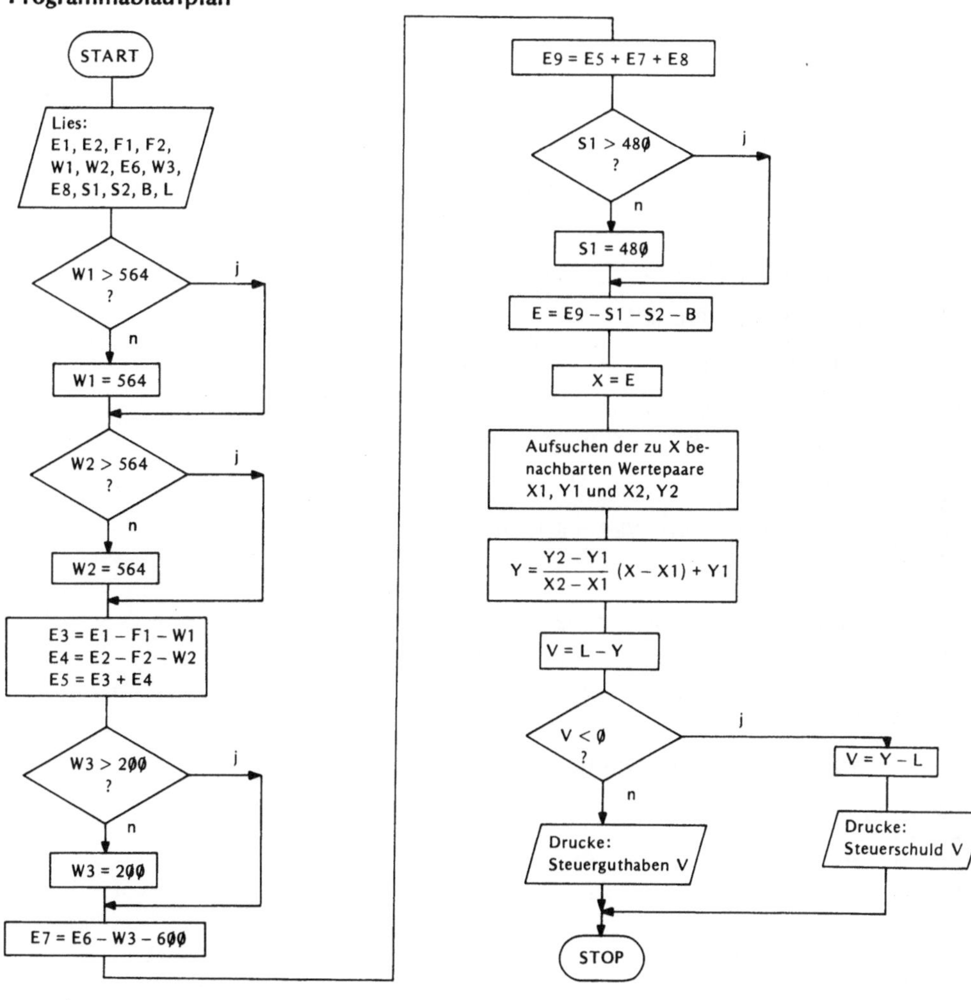

Erläuterungen zum Programmablaufplan

Zur besseren Übersicht im Programmablaufplan wurde der Ausdruck erklärender Texte
zu den eingegebenen und errechneten Zahlenwerten nicht dargestellt. Auch die Eingabe
der Splittingtabelle sowie die Suche der zu einem bestimmten Einkommen gehörenden
benachbarten Wertepaare wurde nur vereinfacht in Form einer „allgemeinen Operation"
angegeben, ohne auf die Vielzahl der Verzweigungen einzugehen, die im Programm nötig
werden (siehe Programm Anw. Nr. 45Ø bis 131Ø).

Programm- und Ergebnisausdruck

```
10  REM EINKOMMEN-BZW.LOHNSTEUERBERECHNUNG
20  INPUT E1,E2,F1,F2,W1,W2,E6,W3,E8,S1,S2,B,L
30  PRINT "BERECHNUNG DES ZU VERSTEUERNDEN EIKOMMENS"
40  PRINT "EINKUENFTE AUS                    ","EHEMANN","EHEFRAU","INSGESAM
50  PRINT
60  PRINT "NICHTSELBSTAENDIGE ARBEIT"
70  PRINT "   BRUTTOARBEITSLOHN",E1,E2
80  PRINT "   WEIHN.ARBEITN.FREIBETR.",F1,F2
90  IF W1>564 THEN 110
100 W1=564
110 IF W2>564 THEN 130
120 W2=564
130 PRINT "   -WERBUNGSKOSTEN",W1,W2
140 E3=E1-F1-W1
150 E4=E2-F2-W2
160 E5=E3+E4
170 PRINT "   EINKUENFTE         ",E3,E4,E5
180 PRINT
190 PRINT "KAPITALVERMOEGEN"
200 PRINT "EINNAHMEN             ",E6
210 IF W3>200 THEN 230
220 W3=200
230 PRINT "   -WERBUNGSKOSTEN",W3
240 PRINT "   -SPARERFREIBETRAG",600
250 E7=E6-W3-600
260 PRINT "   EINKUENFTE                          ",E7
270 PRINT
280 PRINT "VERMIETUNG UND VERPACHTUNG      ",E8
290 PRINT
300 PRINT
310 E9=E5+E7+E8
320 PRINT "GESAMTBETRAG DER EINKUENFTE       ",E9
330 PRINT
340 PRINT
350 PRINT "SONDERAUSGABEN"
353 IF S1>480 THEN 360
356 S1=480
360 PRINT "DIE NICHT VORSORGEAUFWENDUNGEN SIND",S1
370 PRINT "ABZUGSFAEHIGE VORSORGEAUWENDUNGEN",S2
380 PRINT
390 PRINT
400 PRINT "AUSSERGEWOENLICHE BELASTUNGEN       ",B
410 PRINT
420 PRINT
425 E=E9-S1-S2-B
430 PRINT "ZU VERSTEUERNDES EINKOMMEN              ",E
440 PRINT
450 X=E
460 IF X<6689 THEN 1295
```

```
470  IF X<10019 THEN 610
480  IF X<14999 THEN 660
490  IF X<20009 THEN 710
500  IF X<25019 THEN 760
510  IF X<29999 THEN 810
520  IF X<35009 THEN 8660
530  IF X<40019 THEN 910
540  IF X<44999 THEN 960
550  IF X<49979 THEN 1010
560  IF X<55019 THEN 1060
570  IF X<59999 THEN 1110
580  IF X<64979 THEN 1160
590  IF X<70019 THEN 1210
600  IF X<74999 THEN 1260
605  PRINT "NUR EINKOMMEN BIS 75000 DM"
610  X2=10019
620  X1=6689
630  Y=12
640  Y1=738
650  GOTO 1300
660  X2=14999
670  X1=10019
680  Y2=1834
690  Y1=734
700  GOTO 1300
710  X2=20009
720  X1=14999
730  Y2=2942
740  Y1=1834
750  GOTO 1300
760  X2=25019
770  X1=20009
780  Y2=4038
790  Y1=2942
800  GOTO 1300
810  X2=29999
820  X1=25019
830  Y2=5134
840  Y1=4038
850  GOTO 1300
860  X2=35009
870  X1=29999
880  Y2=6522
890  Y1=5134
900  GOTO 1300
910  X2=40019
920  X1=35009
930  Y2=8186
940  Y1=6522
950  GOTO 1300
960  X2=44999
970  X1=40019
980  Y2=9962
990  Y1=8186
1000 GOTO 1300
1010 X2=49979
1020 X1=44999
1030 Y2=11838
1040 Y1=9962
1050 GOTO 1300
1060 X2=55019
1070 X1=49979
```

```
1080  Y2=13830
1090  Y1=11838
1100  GOTO 1300
1110  X2=59999
1120  X1=55019
1130  Y2=15884
1140  Y1=13830
1150  GOTO 1300
1160  X2=64979
1170  X1=59999
1180  Y2=18012
1190  Y1=15884
1200  GOTO 1300
1210  X2=70019
1220  X1=64979
1230  Y2=20207
1240  Y1=18012
1250  GOTO 1300
1260  X2=74999
1270  X1=70019
1280  Y2=22480
1290  Y1=20207
1294  GOTO 1300
1295  Y=12
1296  GOTO 1310
1300  Y=((Y2-Y1)/(X2-X1))*(X-X1)+Y1
1310  PRINT "EINKOMMENSTEUER
1320  PRINT "EINBEHALTENE LOHNABZUGSBETRAEGE",L
1325  PRINT
1326  PRINT
1330  V=L-Y
1340  IF V<0 THEN 1355
1350  PRINT "GUTHABEN",V
1353  GOTO 1370
1355  V=Y-L
1360  PRINT "VERBLEIBENDE STEUERSCHULD",V
1370  END
```

```
BERECHNUNG DES ZU VERSTEUERNDEN EIKOMMENS
EINKUENFTE AUS                    EHEMANN         EHEFRAU         INSGESAMT


NICHTSELBSTAENDIGE ARBEIT
    BRUTTOARBEITSLOHN             36905           24210
   WEIHN.ARBEITN.FREIBETR.        580             580
   -WERBUNGSKOSTEN                1371            564
   EINKUENFTE                     34954           23066           58020


KAPITALVERMOEGEN
EINNAHMEN                         1373
   -WERBUNGSKOSTEN                200
   -SPARERFREIBETRAG              600
   EINKUENFTE                                     573


VERMIETUNG UND VERPACHTUNG                        -3861



GESAMTBETRAG DER EINKUENFTE                       54732



SONDERAUSGABEN
DIE NICHT VORSORGEAUFWENDUNGEN SIND              480
ABZUGSFAEHIGE VORSORGEAUWENDUNGEN                6789
```

```
AUSSERGEWOENLICHE BELASTUNGEN              120

ZU VERSTEUERNDES EINKOMMEN                          47343

EINKOMMENSTEUER                      10845.0008
EINBEHALTENE LOHNABZUGSBETRAEGE      13686.7

GUTHABEN          2841.699197
```

Erläuterungen zum Programm

Anw. Nr.	Erläuterung
2$\emptyset$	Eingabe aller zur Berechnung des zu versteuernden Einkommens notwendigen Werte. Diese Werte sind vorher anhand von Belegen u. dgl. zu ermitteln.
4$\emptyset$ bis 17$\emptyset$	Berechnung der Einkünfte aus nichtselbständiger Arbeit. In Anw. Nr. 9$\emptyset$ und 1$\emptyset\emptyset$ bzw. 11$\emptyset$ und 12$\emptyset$ wird dafür gesorgt, daß für die Werbungskosten mindestens der Pauschbetrag von 564,– DM für den Ehemann bzw. die Ehefrau angesetzt wird, falls die tatsächlichen Werbungskosten geringer sind. In den Anw. Nr. 14$\emptyset$ und 15$\emptyset$ werden die Einkünfte von Ehemann und Ehefrau ermittelt. Insgesamt ergeben sich Einkünfte lt. Anw. Nr. 16$\emptyset$. Die verschiedenen Einkünfte werden ausgedruckt (17$\emptyset$).
19$\emptyset$ bis 26$\emptyset$	Berechnung der Einkünfte aus Kapitalvermögen. Auch hier wird dafür gesorgt, daß mindestens der Pauschbetrag von 2$\emptyset\emptyset$,– DM als Werbungskosten berücksichtigt werden (21$\emptyset$, 22$\emptyset$). Der Sparerfreibetrag von 600,– DM wird im Programm fest vorgegeben (24$\emptyset$, 25$\emptyset$).
28$\emptyset$	Einkünfte aus Vermietung und Verpachtung. Verluste z. B. aus der sog. 7b-Abschreibung müssen negativ angesetzt werden.
31$\emptyset$	Berechnung des Gesamtbetrages der Einkünfte aus den drei Einkunftsarten.
35$\emptyset$ bis 37$\emptyset$	Berücksichtigung der Sonderausgaben. Für Sonderausgaben, die nicht Vorsorgeaufwendungen sind (S1), wird dafür gesorgt, daß mindestens der Pauschbetrag berücksichtigt wird (353, 356).
4$\emptyset\emptyset$	Angabe der außergewöhnlichen Belastungen.
425	Berechnung des zu versteuernden Einkommens
45$\emptyset$	Der Variablen X wird der Wert der Variablen E zugeordnet
46$\emptyset$ bis 6$\emptyset\emptyset$	Diese Verzweigungsanweisungen dienen dazu, die in der vereinfachten Splittingtabelle angegebenen benachbarten Einkommen zu finden, zwischen denen das tatsächliche Einkommen liegt.
61$\emptyset$ bis 1296	Hier werden je nach Bereich, in dem sich das Einkommen befindet, die Wertepaare X1, Y1, X2, Y2 wertemäßig festgelegt.
13$\emptyset\emptyset$	Berechnung der Einkommensteuer mit Hilfe der angegebenen Interpolationsformel.
133$\emptyset$	Aus der Differenz zwischen einbehalten Lohnabzugsbeträgen und Einkommensteuer wird entschieden, ob sich das Programm zum Programmteil Guthaben (135$\emptyset$) bzw. verbleibende Steuerschuld (136$\emptyset$) verzweigt.

13.10. Computergrafik

Aufgabenstellung

Besitzer von Heimcomputern sehen z. T. nicht nur die Nutzanwendung des Gerätes, sondern auch ein Mittel, die Freizeit kreativ zu gestalten, z. B. indem sie Computergrafiken fertigen. Es soll hier beispielhaft ein Weg gezeigt werden, wie man z. B. mit Hilfe eines Programmes über den Bildschirm bzw. über den Drucker eine Ente zeichnen lassen kann.

Problemformulierung

Zur Erstellung einer Computergrafik muß sich der Programmierer zunächst ein Motiv wählen, das er gern darstellen möchte. Hier sei beispielhaft von einer Ente ausgegangen. Diese Ente wird z. B. auf kariertem Papier entworfen. Die Karos, die von den Linien berührt werden, werden mit Drucksymbolen gefüllt, die besonders zur Darstellung geeignet erscheinen. In dem Beispiel „Ente" wurde z. B. für die Konturen das Symbol „*" gewählt, für das Auge hingegen ein „O" (siehe Bild 13.1). Die Zeilen und Spalten des karierten Papiers werden durchnumeriert, um die Druckstellen der Symbole im Programm festlegen zu können.

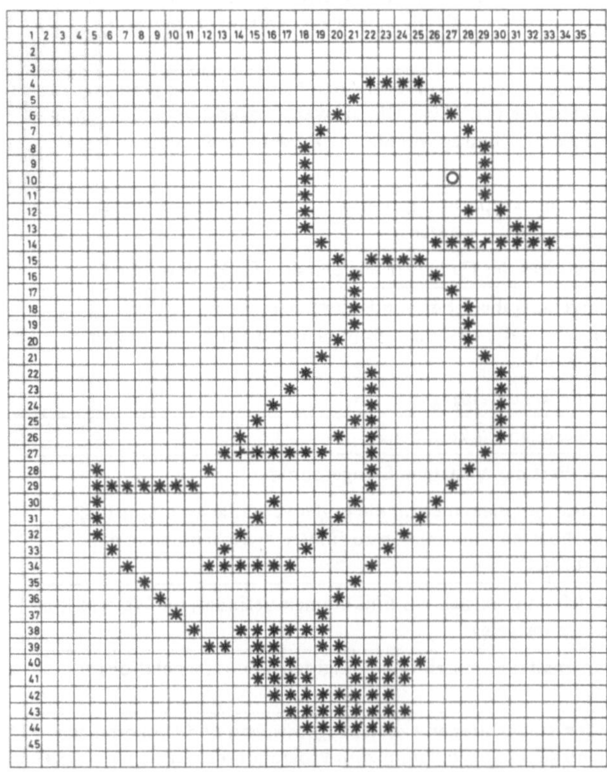

Bild 13.1

**Programm- und
Ergebnisausdruck**

```
10 REM COMPUTERGRAFIK
20 PRINT
30 PRINT
40 PRINT TAB(22);"****"
50 PRINT TAB(21);"*      *"
60 PRINT TAB(20);"*         *"
70 PRINT TAB(19);"*           *"
80 PRINT TAB(18);"*             *"
90 PRINT TAB(18)"*             *"
100 PRINT TAB(18);"*          O *"
110 PRINT TAB(18);"*             *"
120 PRINT TAB(18);"*          * *"
130 PRINT TAB(18);"*            **"
140 PRINT TAB(19);"*       ********"
150 PRINT TAB(20);"* ****"
160 PRINT TAB(21);"*      *"
170 PRINT TAB(21);"*        *"
180 PRINT TAB(21);"*         *"
190 PRINT TAB(21);"*         *"
200 PRINT TAB(20);"*         *"
210 PRINT TAB(19);"*            *"
220 PRINT TAB(18);"*    *        *"
230 PRINT TAB(17);"*      *       *"
240 PRINT TAB(16);"*        *        *"
250 PRINT TAB(15);"*          **       *"
280 PRINT TAB(13);"*******   *        *"
290 PRINT TAB(5);"*         *         *"
300 PRINT TAB(5);"*******            *      *"
310 PRINT TAB(5);"*            *        *"
320 PRINT TAB(5);"*            *     *     *"
330 PRINT TAB(5);"*           *     *     *"
340 PRINT TAB(6);"*        *      *     *"
350 PRINT TAB(7);"*      ******     *"
360 PRINT TAB(8);"*             *"
370 PRINT TAB(9);"*           *"
380 PRINT TAB(10);"*         *"
390 PRINT TAB(11);"*   ******"
400 PRINT TAB(12);"** **   **"
410 PRINT TAB(15);"***   ******"
420 PRINT TAB(15);"****   ****"
430 PRINT TAB(16);"********"
440 PRINT TAB(17);"********"
450 PRINT TAB(18);"******"
460 END
```

Erläuterungen zum Programm

Das Programm besteht nur aus PRINT-Anweisungen, die die gewählten Symbole an der
in der Zeichnung vorher festgelegten Stelle drucken sollen. Der Aufbau der PRINT-Anweisungen soll beispielhaft an der Druckzeile erläutert werden, die das „Auge" der Ente
enthält (Anw. Nr. 1ØØ). Aus Bild 13.1, Zeile 10 ist zu entnehmen, daß in Spalte 18 das
Zeichen „*", in Spalte 27 das Zeichen „O" und in Spalte 29 das Zeichen „*" gedruckt
werden soll. Mit Hilfe der Tabulatorfunktion TAB (vgl. 11.2.1) wird durch TAB (18) die
gewünschte Spalte 18 eingenommen. Darauf folgt als Listentrennzeichen ein Semikolon
und der zu druckende „Text", der hier aus den zu druckenden Sonder- und Leerzeichen
besteht, d. h. der „Text" besteht hier aus folgenden Zeichen: Zunächst das Zeichen „*",
dann 8 Leerzeichen, dann das Zeichen „O" für das Auge, wieder ein Leerzeichen und
schließlich das Zeichen „*" (siehe Bild 13.1).
Entsprechend wurden auch die anderen PRINT-Anweisungen aufgebaut.

Die vom Heimcomputer gedruckte Ente sieht etwas „schlanker" aus als die auf kariertem
Papier gezeichnete Ente. Dies liegt daran, daß der Abstand zweier Zeichen und zweier
Zeilen bei dem Druckwerk nicht gleich groß ist. Möchte man diese „Verzerrung" der
Zeichnung vermeiden, muß man anstelle von kariertem Papier das Druckraster des
Druckers zugrundelegen.

14. Lösungen der Übungsaufgaben

Aufgabe 6.1

Nr.	BASIC-Konstante	Ja	Nein	Begründung
1	13.3 E 99	0	⊗	In wissenschaftlicher Schreibweise ergibt sich die Konstante zu $1{,}33 \cdot 10^{100}$. Der Dezimalexponent ist somit größer als $+99$.
2	1.33 E 99	⊗	0	
3	0.00 133 E - 99	0	⊗	In wissenschaftlicher Schreibweise ergibt sich die Konstante zu $1{,}33 \cdot 10^{-102}$. Der Dezimalexponent ist somit größer als -99.
4	+ 195	⊗	0	
5	10.7 E 6.3	0	⊗	Der Exponent ist eine Dezimalzahl.
6	1,234	0	⊗	Als Dezimalzeichen ist nur der Dezimalpunkt erlaubt.
7	- 0.1234 E - 17	⊗	0	
8	$\frac{6}{7}$	0	⊗	Für BASIC-Kontanten ist die Bruchschreibweise nicht erlaubt.

Aufgabe 6.2

Nr.	Variablenname	Ja	Nein	Begründung
1	C 1	⊗	0	
2	K 2 R	0	⊗	3 Zeichen
3	Q	⊗	0	
4	K /	0	⊗	2. Zeichen keine Ziffer
5	4 R	0	⊗	1. Zeichen kein Buchstabe 2. Zeichen keine Ziffer
6	A	⊗	0	
7	M 12	0	⊗	3 Zeichen
8	AA	0	⊗	2. Zeichen keine Ziffer
9	π	0	⊗	Kein Sonderzeichen
10	88	0	⊗	1. Zeichen kein Buchstabe

Aufgabe 6.3

Nr.	Mathem. Schreibw.	BASIC	Erläuterung
1	a_4	A (4)	Das 4. Element des eindimensionalen Feldes A bestimmt den Wert der indiz. Variablen a_4.
2	$x_{2,3}$	X (2,3)	Das Element in der 2. Zeile und der 3. Spalte des zweidimensionalen Feldes X bestimmt den Wert der indiz. Variablen $x_{2,3}$.
3	y_{k1}	Y (K 1)	Der Wert der Variablen K1 bestimmt das Element des eindimensionalen Feldes Y und damit den Wert der indiz. Variablen y_{k1}.
4	$r_{i+3,5}$	R (I + 3,5)	Es handelt sich hier um ein Element eines zweidimensionalen Feldes. Die Zeile (Reihe) wird durch den arithmetischen Ausdruck I + 3 festgelegt. Ist das Ergebnis eine Dezimalzahl, wird nur der ganzzahlige Teil des Ergebnisses berücksichtigt. Die Spalte des zweidimensionalen Feldes wird durch die Konstante 5 bestimmt.
5	x_{y_2}	X (Y2))	Hier wird als Index eine indiz. Variable verwendet. Der Wert des 2. Elementes der indiz. Variablen Y bildet den Index der Variablen X, d.h. er legt deren Element und damit deren Wert fest. Dies wird an folgendem Beispiel deutlich:

Element des Feldes Y	1	2	3	4	...
Wert der Elemente	11	4	30	18	

Element des Feldes X	1	2	3	4	...
Wert der Elemente	98	5	67	81	

Der indizierten Variablen Y (2) wird der Wert 4 zugeordnet. Dieser Wert ist Index des Feldes X. Der indiz. Variablen X (4) ist der Wert 81 zugeordnet.

Nr.	Mathem. Schreibw.	BASIC	Erläuterung
6	$c_{4 \cdot M}, g_{M,N}$	C(4 * M, G(M, N))	Die Erläuterung ergibt sich sinnentsprechend aus Aufgabe 4 und 5.

Aufgabe 6.4

13	9	2	108	9
3	(11)	4	7	27
31	29	17	(27)	25
1	5	8	19	99
(3)	4	16	7	21

a_{11}	a_{12}	a_{13}	a_{14}	a_{15}
a_{21}	(a_{22})	a_{23}	a_{24}	a_{25}
a_{31}	a_{32}	a_{33}	(a_{34})	a_{35}
a_{41}	a_{42}	a_{43}	a_{44}	a_{45}
(a_{51})	a_{52}	a_{53}	a_{54}	a_{55}

Die indizierten Variablen der eingekreisten Feldelemente heißen:

A (2,2); A (3,4); A (5,1)

Aufgabe 6.5

Nr.	Lösung
1	3 DIM F (15)
2	5 DIM Q (15,15), V (1∅)
3	Nein

Aufgabe 6.6

Nr.	Funktion in mathem. Schreibweise	BASIC
1	$\sqrt{118{,}5}$	SQR (118.5)
2	ln 10	LOG (1∅)
3	sin 3,289 (rad)	SIN (3.289)
4	cos 45°	COS (45 * ∅.∅17453)
5	$\lvert A - 15 \rvert$	ABS (A − 15)
6	$\sqrt{\sin x}$	SQR (SIN (X))
7	$[\lvert x + 1 \rvert + ∅.5]$	INT ((ABS (X + 1) + ∅.5)

Aufgabe 8.1

Nr.	Arithmetischer Ausdruck
1	2 * A * * 3
2	A + B/C + D * * C
3	(A * * 2 + B * * 2) * .2
4	SQR (ABS (X + 1) + A)
5	K∅ * (1 + P/1∅∅) * * N

Aufgabe 8.2

Nr.	BASIC-Schreibweise	Bemerkungen
1	5 LET U = 2 * P * R oder 1Ø LET U = 2 * 3.14 * R	Großbuchstaben verwenden. Multiplikationszeichen schreiben. Sonderzeichen π durch Variable P oder Wert 3.14 ersetzen. Dezimalpunkt nicht vergessen.
2	15 LET F = P * R * R oder 2Ø LET F = P * R ** 2 oder 25 LET F = 3.14 * R ** 2	
3	3Ø LET C = A + 2 * B ** (– 3)	Negatives Vorzeichen in Klammern setzen.
4	35 LET H = A + B/C + F * D ** E – G	
5	4Ø LET X = A (B – C * D)	
6	45 LET Y = A/(5 + 2 * B)	Der Nenner muß in Klammern gesetzt werden, da sich sonst der Ausdruck von Nr. 7 ergibt.
7	5Ø LET Y = A/5 + 2 * B	
8	55 LET E = A * B/C/D oder 56 LET E = A * B/(C * D)	
9	6Ø LET E = (7 / 8) * (X – Y) oder 61 LET E = 7 * (X – Y)/8	
10	65 LET C = SQR (A ** 2 + B ** 2)	Standardfunktion für Quadratwurzel verwenden.
11	7Ø LET A = COS (A * 3.14/18Ø)	Sonderzeichen α durch Variable A ersetzen. Gradmaß ins Bogenmaß umwandeln.
12	75 LET B = (SIN (X)/COS (X)) ** 3	Unbekannte Funktion aus Standardfunktion ableiten.
13	8Ø LET Y = ABS (A) + ABS (B – C)	Standardfunktionen für Absolutwerte verwenden.

Aufgabe 8.3

Nr.	BASIC-Schreibweise	Mathem. Schreibweise
1	5 LET X = 4 * 3.14 * R ** 3/3	$x = \dfrac{4}{3}\,\pi\,r^3$
2	1Ø LET Y = 1/(M ** (– 2) – N ** (– 2))	$y = \dfrac{1}{\dfrac{1}{m^2} - \dfrac{1}{n^2}}$
3	15 LET Z = (1 – 2 * I) ** (1 /3)	$z = \sqrt[3]{1 - 2i}$
4	2Ø LET U = EXP (–Y * Y/(2 * P * S))	$u = e^{-\frac{y^2}{2\pi s}}$
5	25 LET V = EXP (N * LOG (Y))	$v = e^{n \ln y}$
6	3Ø LET Y = LOG ((ABS ((X + 1)/X))	$y = \ln\left\lvert\dfrac{x+1}{x}\right\rvert$
7	35 LET W = ((A + B) ** 2) ** (1 /5)	$w = \sqrt[5]{(a+b)^2}$
8	4Ø LET N = A * (1 – EXP (–T/2))	$n = a\left(1 - e^{-\frac{t}{2}}\right)$
9	45 LET G = A ** ((N ** 2) –1)	$g = a^{n^2 - 1}$
10	5Ø LET C = SQR (A * A + B * B –2 * A * B * COS (G))	$c = \sqrt{a^2 + b^2 - 2\,a\,b\,\cos\gamma}$
11	55 LET R1 = SQR (R * R + (O * A –1/(O * C)) ** 2)	$R_1 = \sqrt{R^2 + \left(\omega \cdot L - \dfrac{1}{\omega C}\right)^2}$

Bemerkungen

Nr. 10 gibt den aus der Dreiecksberechnung bekannten Kosinussatz an. Der Winkel γ (Variablenname G) muß hier im Bogenmaß eingegeben werden. Bei der Eingabe im Gradmaß muß, wie in Abschnitt 5.5 gezeigt wurde, das Gradmaß ins Bogenmaß umgerechnet werden. Nr. 11 stellt den praktischen Fall zur Berechnung des Scheinwiderstandes R_1 eines Serienschwingkreises, bestehend aus einem Widerstand R, einer Induktivität L und einer Kapazität C dar. Der Winkel ω (Variablenname O) muß hier im Bogenmaß eingegeben werden.

Aufgabe 9.1

Nr.	Steueranweisung	Erläuterung
1	25 GOTO 5	Die unbedingte Sprunganweisung 25 GOTO 5 bewirkt, daß das Programm mit der Anweisung der Anweisungsnummer 5 fortgesetzt wird.
2	5∅ ON I GOTO 5,1∅,15,2∅	Die nebenstehende berechnete Sprunganweisung bewirkt einen Sprung zur Anweisungsnummer 5, wenn I = 1 1∅, wenn I = 2 15, wenn I = 3 2∅, wenn I = 4 ist.
3	3∅ IF C > 1∅ THEN 15	Die nebenstehende Programmverzweigungsanweisung bewirkt einen Sprung zur Anweisung mit der Anweisungsnummer 15, wenn die Bedingung C > 1∅ erfüllt ist. Ist die Bedingung nicht erfüllt, dann wird im Programm mit der Anweisung der nächsthöheren Anweisungsnummer fortgefahren.
4	25 FOR I = 1TO12∅ STEP4 . . . 5∅ NEXT I	Die nebenstehende Schleifenanweisung beginnt mit der FOR-Anweisung und endet bei der NEXT-Anweisung. Die Schleife wird von der Schleifenvariablen I vom Wert I = 1 bis 12∅ mit der Schrittweite 4 durchlaufen.
5	25 FOR I = 1 TO 12∅ . . . 5∅ NEXT I	Die nebenstehende Schleifenanweisung weist gegenüber der vorangegangenen Schleifenanweisung eine andere Schrittweite auf. Die Schleifenvariable I durchläuft die Werte von 1 bis 12∅ mit der Schrittweite 1.

Aufgabe 9.2

Nr.	Aufgabe	Programmverzweigungsanweisung
1	Falls $x \leq 50$, springe zur Anweisungsnummer 10.	5 IF X <= 5∅ THEN 1∅
2	Falls $a = b$, springe zur Anweisungsnummer 35.	1∅ IF A = B THEN 35
3	Falls $e = f + g$, springe zur Anweisungsnummer 22.	15 IF E = F + G THEN 22
4	Falls $7z - 15 > X$, springe zur Anweisungsnummer 17.	2∅ IF 7 * Z −15 > X THEN 17
5	Falls $a1 + a2 + a3 \neq a_1 \cdot a_2$, springe zur Anweisungsnummer 200.	25 IF A1 + A2 + A3 <> A1 * A2 THEN 2∅∅

Aufgabe 9.3

Nr.	Steueranweisung	Ja	Nein	Bemerkung
1	2Ø GOTO n	0	⊗	Sprungziel muß eine Zahl sein.
2	3Ø ON Z ** 2 GOTO 3,4,5,6	⊗	0	
3	4Ø IF A1 ≤ A2 THEN 7Ø	0	⊗	Sonderzeichen ≤ ist in BASIC ≤ =
4	5Ø FOR I + 1 TO I + 1Ø . . . 1ØØ NEXT I	0	⊗	Laufvariable fehlt
5	6Ø IF 2 * X <> Ø GOTO 7Ø	0	⊗	Der Sprung zur Anweisungs-nummer 70 wird durch ,,THEN 7Ø'' ausgedrückt.

Aufgabe 9.4

Nr.	Aufgabe	Programmabschnitt
1	Wenn die Differenz von X und Y kleiner als Null ist, soll Z von der Differenz subtrahiert werden. Dies soll die neue Differenz sein. Falls X und Y größer oder gleich Null ist, soll Z zur Differenz addiert werden. Das Ergebnis soll in diesem Fall die neue Differenz sein.	. . . 2Ø LET D = X − Y 3Ø IF D < Ø THEN 7Ø 4Ø LET D = D + Z 5Ø GOTO 8Ø . . 7Ø LET D = D − Z 8Ø .... . .
2	Wenn das Produkt von A und B ungleich Null ist, soll das Produkt durch C geteilt werden. Anderenfalls soll zu dem Produkt D addiert werden.	. . . 2Ø LET P = A * B 3Ø IF P <> Ø THEN 7Ø 4Ø LET P = P + D 5Ø GOTO 8Ø . . 7Ø LET P = P/C 8Ø ... . .

Aufgabe 9.5

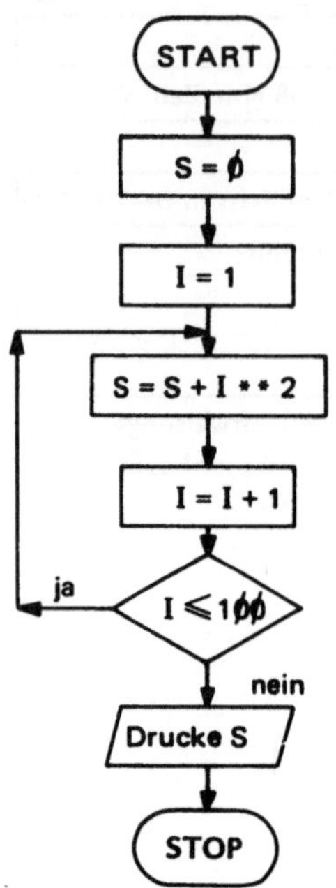

BASIC-Programm mit Programm-verzweigungsanweisung	BASIC-Programm mit Programm-schleifenanweisung
5 LET S = 0 10 LET I = 1 15 LET S = S + I ** 2 20 LET I = I + 1 25 IF I <= 100 THEN 15 30	5 LET S = 0 10 FOR I = 1 TO 100 15 LET S = S + I ** 2 20 NEXT I 25 ... . . .

Aufgabe 9.6

Mit den angegebenen Werten ergibt sich

$$A - B = 8,5 - 4,4 = 4,1$$

Da nur der ganzzahlige Teil von 4,1 berücksichtigt wird, verzweigt das Programm in diesem Fall zur vierten Anweisungsnummer in der Liste der Anweisungsnummern, d. h. zur Anweisungsnummer 80.

Aufgabe 10.1

Nr.	Programm
1	1∅ LET A = 5 2∅ LET B = − 3.5 3∅ LET C = ∅.6 4∅ LET X = 3 5∅ LET Y = A * X ** 2 + B * X + C . . 1∅∅ END
2	1∅ READ A, B, C, X 2∅ LET Y = A * X ** 2 + B * X + C . . 6∅ DATA 5, −3.5, ∅.6,3 7∅ END
3	1∅ INPUT A, B, C, X 2∅ LET Y = A * X ** 2 + B * X + C . . 6∅ END ? 5, −3.5, ∅.6,3

Aufgabe 10.2

Nr.	BASIC Eingabeanw.	Ja	Nein	Erläuterung
1	1∅ INPUT A1, A2, A3	⊗	0	
2	2∅ READ C, P3, A5	0	⊗	Die READ-Anweisung ist richtig aufgebaut, aber die DATA-Anweisung fehlt.
3	3∅ INPUT AB	0	⊗	Das Komma zwischen den Variablen A und B fehlt.
4	4∅ INPUT A (B), C (I + 2)	⊗	0	Indizierte Variablen sind in der Variablenliste erlaubt.
5	5∅ READ X, Y 6∅ READ Z . . 1∅∅ DATA 1∅ 11∅ DATA ∅.8, −∅.2	⊗	0	
6	6∅ READ R, S, T, U . . 7∅ DATA 5, 16, 18	0	⊗	Es sind nur 3 Werte für 4 Variablen vorhanden

Aufgabe 11.1

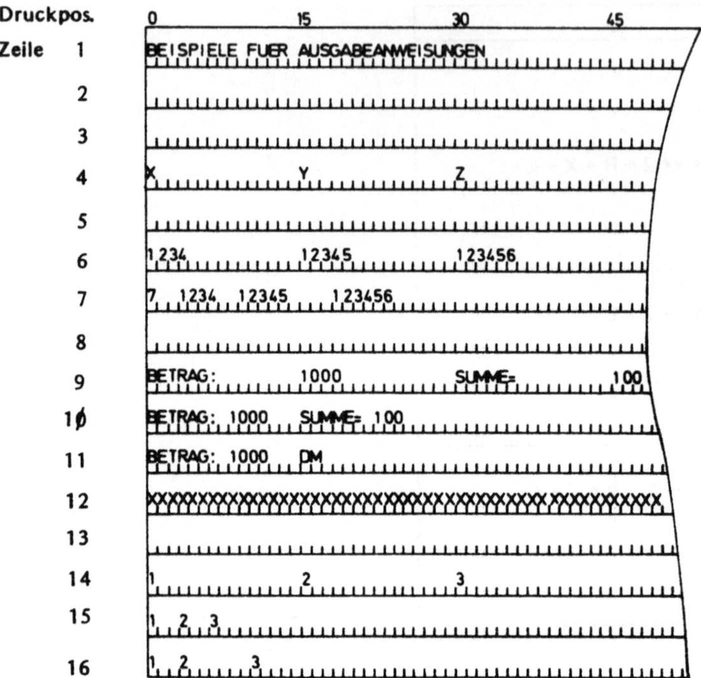

Aufgabe 11.2

Die Ausgabeanweisung lautet:

90 PRINT "BASIC IST EINE PROBLEMORIENTIERTE PROGRAMMIERSPRACHE"

Aufgabe 11.3

Programmteil	Erläuterung
⁝ 8Ø PRINT 9Ø PRINT "X GRAD", "SIN (X)", "COS (X)" 1ØØ PRINT 11Ø LET X = Ø 12Ø LET B = 3.14/18Ø * X 13Ø LET Y = SIN (B) 14Ø LET Z = COS (B) 15Ø PRINT X, Y, Z 16Ø LET X = X + 3Ø 17Ø IF X < = 9Ø THEN 12Ø 18Ø END	8Ø: Ausgabe einer Leerzeile 9Ø: Komma als Listentrennzeichen; Ausgabe der drei Texte in drei Feldern mit je 15 Druckstellen 1ØØ: Ausgabe einer Leerzeile 11Ø: Setzen des Anfangswertes der Gradzahl 12Ø: Umrechnung Gradmaß in Bogenmaß 15Ø: Nach jeder Berechnung erfolgt eine erneute Ausgabe der Werte von X, Y und Z in einer Zeile (kein Listentrennzeichen am Ende der Liste!). 16Ø: Erhöhung der Gradzahl um 30 17Ø: Verzweigung; solange die Gradzahl kleiner als 90 ist, wird die Schleife durchlaufen; sonst wird das Programm beendet.

Aufgabe 11.4

Programmteil	Druckzeile	Erläuterung
1Ø FOR I = 1TO6 2Ø PRINT TAB (7 * I); I; 3Ø NEXT I	1	*Drucken der 1. Zeile:* TAB (7 * I) gibt die Druckpositionen der folgenden Variablen I an.
35 PRINT 4Ø FOR K = 1TO6 5Ø PRINT TAB (7 * K); 6 + K; 6Ø NEXT K	2	Die Variable I durchläuft alle ganzzahligen Werte von 1 bis 6. *Drucken der 2. Zeile:*
65 PRINT 7Ø FOR L = 1TO6 8Ø PRINT TAB (7 * L); 12 + L; 9Ø NEXT L 1ØØ END	3	TAB (7 * K) gibt die Druckpositionen des folgenden arithmetischen Ausdrucks 6 + K an. Die Variable K durchläuft wie die Variable I in der 1. Zeile alle ganzzahligen Werte von 1 bis 6. *Drucken der 3. Zeile:* Entsprechend zur 2. Zeile.

Sachwortverzeichnis

Literaturverzeichnis

[1]   *H. Schumny:* Digitale Datenverarbeitung für das technische Studium, Vieweg Verlag, Braunschweig 1975

[2]   *J. G. Kemeny — T. E. Kurtz:* BASIC Programming — John Wiley & Sons, New York 1972

[3]   American National Standards Institute (ANSI): Proposed American National Standard for Minimal BASIC X 3 J 2 / 76—35, Dez. 1976

[4]   European Computer Manufacturers Association (ECMA) Standard ECMA — Minimal BASIC — Final Draft ECMA / TC21 / 76 / 44 Dec. 1976

Weitere BASIC-Literatur:

H. Rehbein: BASIC- leicht gemacht, VDI-Verlag, Düsseldorf 1974

D. D. Spencer: Anleitung zum praktischen Gebrauch von BASIC, Oldenbourg, München

W.-D. Schwill, R. Weibezahn: Einführung in die Programmiersprache BASIC, Vieweg, Braunschweig 1976

A. Alteneder, C. Offelder: BASIC-Praktikum, Siemens AG, Berlin und München 1972

Taschenrechner +
Mikrocomputer Jahrbuch 1980

Anwendungsbereiche — Produktübersichten — Programmierung — Entwicklungstendenzen — Tabellen — Adressen.

Herausgegeben von Harald Schumny. 1979. VI, 260 S., zahlreiche Abbildungen, 18,5 X 24 cm. Kart.

Das „Taschenrechner + Mikrocomputer Jahrbuch" gibt eine systematische und aktuelle Fachinformation, die einen schnellen und gezielten Zugriff gestattet, und bietet mit vergleichenden Übersichten, technischen Daten, Adressen usw. zuverlässige Orientierungshilfen.

Das Jahrbuch-Konzept geht von einer Zweiteilung aus: Der Fachteil enthält aktuelle Beiträge zu den Bereichen, Taschenrechner, Mikrocomputer und Speicher. Der Datenteil besteht im wesentlichen aus Produktübersichten, Bezugsquellen, Adressen, Literatur- und Zeitschriftenlisten. Ein detailliertes Sachwortverzeichnis erleichtert das Auffinden besonderer Teststellen.

Um auch weniger erfahrenen Lesern entgegenzukommen, haben die Fachbeiträge ein Glossar. Darin sind in knapper Form Fachausdrücke erklärt, die im jeweiligen Aufsatz ohne Kommentar benutzt werden.

Inhalt: Vom Abakus zum μP — Rechnerklassen und Anwendungsbereiche — Besondere Anwendungen — TR im Unterricht — Die Stärken der kleinen Maschinen — Stromversorgung — Programmierung — TR im μP — Erfahrungen mit μC-Lernsystemen — Peripheriesteuerungen — Entwicklungssysteme — Programmiersprachen — Wie lange noch mechanische Speicher? — Flüchtige und nichtflüchtige Speicher — RAM, ROM, PROM etc. — Neue Speicher wie MBM, CCB — Programmlisten mit kurzen Erläuterungen — Besondere Verfahren — Tips, Tricks, Hilfen — Produktübersichten, Bezugsquellen, Veranstaltungstermine, Kurse und Lehrgänge, Literatur, Tabellen, Formeln, Fachwörter, Abkürzungen, Preisausschreiben, Programmtausch, Sachwortverzeichnis.